本书的出版得到以下项目及课题的支持

国家国防科技工业局重大专项计划：基于高分数据的主体功能区规划实施效果评价与
辅助决策技术研究(一期)（00-Y30B14-9001-14/16）
国家重点研发计划：生态退化分布与相应生态治理技术需求分析（2016YFC0503701）
国家重点研发计划：全球多时空尺度遥感动态监测与模拟预测（2016YFB0501502）
中国科学院战略性先导科技专项（A类）："三生"空间统筹优化与决策支持（XDA19040300）

■ 主体功能区规划评价丛书

主体功能区规划
实施评价与辅助决策
中原经济区

胡云锋　张云芝　戴昭鑫
赵冠华　李海萍　龙　宓　等/著 ·············

科学出版社
北京

内 容 简 介

本书采用遥感和地理信息系统方法，结合中原经济区主体功能区规划目标及规划实施评价指标体系设计，采用时空格局变化的分析方法，开展中原经济区主体功能区规划不同时期国土开发、城市环境、耕地及生态保护变化特征与分阶段区域差异的分析，清晰刻画出不同功能区和不同时间段国土资源、生态环境变化规律及其与主体功能区规划的契合程度，并根据评价结果对未来规划提出决策建议。

本书可供广大地学和空间科学领域从事地理信息系统、城市规划、遥感等研究的科研人员及相关高等院校教师与研究生参考使用。

图书在版编目（CIP）数据

主体功能区规划实施评价与辅助决策.中原经济区/胡云锋等著.—北京：科学出版社，2018.7
（主体功能区规划评价丛书）
ISBN 978-7-03-057660-6

Ⅰ.①主…　Ⅱ.①胡…　Ⅲ.①区域规划–研究–河南　Ⅳ.① TU982.2

中国版本图书馆 CIP 数据核字 (2018) 第 124926 号

责任编辑：张　菊 / 责任校对：彭　涛
责任印制：张　伟 / 封面设计：无极书装

科学出版社 出版
北京东黄城根北街 16 号
邮政编码：100717
http://www.sciencep.com

北京虎彩文化传播有限公司 印刷
科学出版社发行　各地新华书店经销
*
2018 年 7 月第　一　版　　开本：720×1000　1/16
2018 年 7 月第一次印刷　　印张：10　1/4
字数：210 000
定价：128.00 元
（如有印装质量问题，我社负责调换）

丛书编委会

主　编：胡云锋

编　委：明　涛　李海萍　戴昭鑫　张云芝

　　　　赵冠华　董　昱　张千力　龙　宓

　　　　韩月琪　道日娜　胡　杨

总　　序

　　进入 21 世纪以来，随着中国经济社会的持续、高速发展，中国的区域经济发展、自然资源利用和生态环境保护之间逐渐形成了新的突出矛盾。为有效开发和利用国土资源，实现国家可持续发展目标，中国科学院地理科学与资源研究所樊杰研究员领衔的研究团队开展了全国主体功能区规划研究，相关研究成果直接支持了党中央、国务院有关国家主体功能区规划的编制工作。主体功能区发展战略的提出是我国国土空间开发管理思路和战略的一个重大创新，是对区域协调发展战略的丰富和深化，对中国区划的发展具有重要的现实意义。

　　2010 年，《全国主体功能区规划》由国务院正式发布。该规划为各省、自治区和直辖市落实地区主体功能规划定位和规划目标提供了基本的理论框架。但要在实践和具体业务中真正落实上述理念和框架，就要求各级政府及其相应的决策支撑部门充分领会《全国主体功能区规划》精神，充分应用包括遥感地理信息系统在内的各项新的空间规划、监测和辅助决策技术，开展时空针对性强的综合监测和评估。2013 年以来，以高分 1 号、高分 2 号、高分 4 号等高空间分辨率和高时间分辨率卫星为代表的中国高分辨率对地观测系统的成功建设，为开展国家级主体功能区规划的快速、准确的监测评估提供了及时、精准的数据基础。

　　在《全国主体功能区规划》中，京津冀地区总体上属于优化开发区，中原经济区总体上属于重点开发区，三江源地区总体上属于重点生态功能区和禁止开发区。这三个地区是我国东、中、西不同发展阶段、发展水平的经济社会和地理生态单元的典型代表。对这三个典型功能区代表开展高分辨率卫星遥感支持下的经济社会及生态环境综合监测与评估示范研究，不仅可以形成理论和方法论的突破，而且对于这三个地区评估主体功能区规划落实状况具有重要应用意义，对于全国其他地区开展相关监测评价也具有重要的参考价值。

　　在国家国防科技工业局重大专项计划支持下，胡云锋团队长期聚焦于国家主体功能区监测评估领域的研究，取得了一系列重要成果。在该丛书中，作者以地理学和生态学等基本理论与方法论为基础，以遥感和 GIS 为基本手段，以高分遥感数据为核心，以区域地理、生态、资源、经济和社会数据等为基本支撑，提出了具有功能区类型与地域针对性的高分遥感国家主体功能区规划实施评价的指标体系、专题产品库和模型方法库；作者充分考虑不同主体功能区规划目标、区域特色、数据可得性和业务可行性，在三个典型主体功能区开展了长时间序列指标动态监测和评估研究，并基于分析结果提出了多个尺度、空间针对性强的政策和建议。研究中获得的监测评价技术路线、指标体系、基础数据和产品、监测评估的模型和方法等，不仅为全国其他地区开展主体功能区规划实施的综合监测和评估提供了成功范例，也为未来更加深入和精准地开展空间信息技术支撑下的区域可持续发展研究提供了有益的理论与方法论基础。

　　当前，中国社会主义建设进入新时代。充分理解和把握新时代中国社会主要矛盾，落实党中央"五位一体"总体布局，支撑新时代下经济社会、自然资源和生态环境的协调与可持续发展，这是我国广大科研人员未来要面对的重大课题。因此，针对国家主体功能区规划实施的动态变化监测、全面系统的评估和快速精准的辅助决策研究还有很远的路要走。衷心祝愿该丛书作者在未来研究工作中取得更丰硕的成果。

中国科学院地理科学与资源研究所

2018 年 5 月 18 日

前　　言

2012 年 8 月 7 日，国家发展和改革委员会发布《中原经济区规划（2012—2020 年）》。中原经济区以河南省为主体，包括河南省毗邻的晋东南、鲁西南、冀南、皖北的部分区域。中原经济区地处我国腹地，承东启西、连南贯北，是全国"两横三纵"城市化战略格局中陆桥通道和京广通道的交汇区域。农业生产条件优越，是重要的农产品主产区。作为国家规划层面的国家级重点开发区，在中原经济区主体功能区开展区域经济社会及生态环境综合监测与评估，有利于充分认识中原经济区发展中存在的问题，不仅对其本身，而且也对中国其他重点开发区发展的方向、路径及合理规划具有重要指导意义。

本书主要以高分辨率遥感为数据支撑，利用经济地理学、GIS（geographic information system，地理信息系统）空间分析、遥感分析、空间统计等技术方法，以中原经济区主体功能区区划目标、区域特色等为基础，利用国土开发、城市环境、耕地保护、生态保护 4 个因素共计 12 个指标，对中原经济区及各类主体功能区（2000 ～ 2015 年）的经济社会与生态环境变化特征进行了深入对比分析，最后根据评价结果对区域提出了辅助决策建议。

本书共分为 4 个部分、6 章。第一部分包括第 1 章、第 2 章，是对研究区概况及评价指标与模型的介绍；第二部分包括第 3 章、第 4 章，是对主体功能区规划监测基础数据获取与主体功能区规划实施评价指标的深入分析；第三部分包括第 5 章，是对研究区规划实施辅助决策的深入分析；第四部分包括第 6 章，是对全书内容进行了提要总结。

本书内容是由国家国防科技工业局重大专项计划"基于高分数据的主体功能区规划实施效果评价与辅助决策技术研究（一期）"（00-Y30B14-9001-14/16）科研项目长期支持形成的结果。具体工作由中国科学院地理科学与资源研究所相关科研人员完成。

研究过程中，得到了国家发展和改革委员会宏观经济研究院、中国科学院地理科学与资源研究所、国家发展和改革委员会信息中心、中国科学院遥感与数字地球研究所等单位，以及曾澜、刘纪远、樊杰、周艺、王世新、李浩川、孟祥辉、吴发云等专家的指导和帮助，在此表示衷心的感谢！本书编写过程中，参考了大量有关科研人员的文献，在书后对主要观点结论均进行了引用标注，谨对前人及其工作表示诚挚的谢意！引用中如有疏漏之处，还请来信指出，以备未来修订。读者若对相关研究结果及具体图件感兴趣，欢迎与我们讨论。

限于作者的学术水平和实践认识，书中难免存在不足或疏漏之处，殷切希望同行专家和读者批评指正。

作 者

2018 年 1 月

目　　录

第 1 章　中原经济区区域概况

中原经济区是全国主体功能区规划确定的国家级重点开发区。在中原经济区内部，根据区域自然环境和经济社会发展特点[1]，各地区又各有其不同的发展问题和发展定位[2]，由此形成了基于县（市、区）一级的中原经济区主体功能区规划方案。

1.1　区域发展概况

2012 年 8 月 7 日，国家发展和改革委员会发布《中原经济区规划》。

中原经济区以河南省为主体，包括河南省毗邻的晋东南、鲁西南、冀南、皖北的部分区域。具体范围包括：河南全省 18 个省辖市，山西省的晋城市、长治市和运城市，河北省的邯郸市和邢台市，山东省的聊城市、菏泽市和泰安市东平县，安徽省的淮北市、亳州市、宿州市、阜阳市、蚌埠市、淮南市潘集区和凤台县。全区共覆盖 33 个市（县、区），区域面积为 28.87 万 km²。

中原经济区地处我国腹地，承东启西、连南贯北，是全国"两横三纵"城市化战略格局中陆桥通道和京广通道的交汇区域。农业生产条件优越，是重要的农产品主产区，粮食产量超过 1 亿 t，占全国的 18% 以上。矿产资源丰富，煤、铝、钼、金、天然碱等储量较大，是全国重要的能源原材料基地。工业门类齐全，装备、有色、食品产业优势突出，电子信息、汽车、轻工等产业规模迅速壮大。中原经济区正处于工业化、城镇化加速推进阶段，城镇化率达到 40.6%，投资和消费需求空间广阔，市场优势日益显现[3]。

目前，中原经济区经济社会发展面临的主要问题有农村人口多、农业比重大、保粮任务重、经济结构不合理、农村富余劳动力亟待转移、基本公共服务水平低等。具体表现为以下内容。

1）城镇化滞后：河南省是全国第一人口大省和第一农业大省，但河南省的城镇化水平低于全国平均水平。城镇化严重滞后于工业化和农业现代化发展的要求，这已成为河南省"三化"协调发展的症结所在。

2）城镇产业集聚度不高：现阶段农村工业化模式基本上是小规模的分散经营格局，没有形成聚集效应，农村的社区结构并没有随着工业化水平的提高而得到根本性改变，与此相联系的社会分工与服务行业也并没有随着农村工业产值的增加而得到相应的发展，直接影响了农村剩余劳动力的非农化就业和农民收入的增加。

3）城乡居民收入差距拉大：农民收入仍处于相对较低的水平，城乡居民收入差距在不断拉大。据《河南统计年鉴》中的数据计算所得，1990 年城乡居民收入比为 2.2∶1，1995 年城乡居民收入比为 2.72∶1，2001 年城乡居民收入比扩大为 2.92∶1，2002 年城乡居民收入比又扩大为 3.1∶1，2004 年和 2005 年城乡居民收入比分别为 3.21∶1 和 3.22∶1，2009 年城乡居民收入比扩大为 3.3∶1。

4）农村富余劳动力转移制约因素多：河南省人多地少，非农产业发展相对落后，所以非公有经济作为农村富余劳动力转移的重要载体，吸纳农村富余劳动力的能力有限。随着我国城市第二、第三产业结构调整力度加大，大批新兴产业对劳动者素质要求较高，由于河南省农村劳动力整体素质偏低，加上农村劳动力进城务工政策性障碍较多，农村劳动力市场建设滞后，缺乏有效组织支持等，农村劳动力转移受到制约。

1.2　主体功能规划定位

在国家主体功能区规划中，中原经济区被规划为重点开发区。该区域的主体功能定位是，全国重要的高新技术产业、先进制造业和现代服务业基地，能源原材料基地、综合交通枢纽和物流中心，区域性的科技创新中心，中部地区人口和经济密集区。

《全国主体功能区规划》中主要是在经济地理区域上对各个区域的主体功能进行了规划定位；根据国务院要求，各省（自治区、直辖市），在《全国主体功能区规划》基础上，根据统一的技术规范，对本行政区内的县（市、区）等进行了主体功能定位。根据中国主体功能区划方案及《中原经济区建设纲要》等文件，参考各地区主体功能区规划，可以确定中原经济区各县（市、区）主体功能。

虽然在国家层面，中原经济区被定位为国家重点开发区，但是，具体到各省规划，中原经济区内部各县（市、区）自身资源环境特点、经济社会发展状况、未来发展目标定位等不同，仍然存在差异。总的来看包含以下内容。

1）中原经济区内各地级市所在县（市、区），通常是国家级或者省级的重点开发区。

2）中原经济区东部和中部绝大多数县（市、区），是国家级或省级的农产品主产区。

3）中原经济区西部伏牛山、南部大别山、北部太行山和中条山等地的县（市、区），则是国家级或省级的重点生态功能区。

中原经济区各县（市、区）的主体功能定位统计见表 1-1。

表 1-1　中原经济区各区县主体功能定位统计

省份	主体功能区	县（市、区）名称	总面积（km²）
河南省	重点开发区	郑州市（中原区、二七区、管城回族区、金水区、上街区、惠济区、巩义市、荥阳市、新密市、新郑市、登封市） 开封市（龙亭区、顺河回族区、鼓楼区、禹王台区、金明区、尉氏县） 洛阳市（老城区、西工区、瀍河回族区、涧西区、吉利区、洛龙区、孟津县、伊川县、偃师市） 平顶山市（新华、卫东区、石龙区、湛河区、宝丰县、汝州市） 安阳市（文峰区、北关区、殷都区、龙安区、安阳县） 鹤壁市（鹤山区、山城区） 新乡市（红旗区、卫滨区、凤泉区、牧野区、新乡县、长垣县、卫辉市） 焦作市（解放区、中站区、马村区、山阳区、沁阳市、孟州市） 濮阳市（华龙区、濮阳县） 许昌市（魏都区、建安区、长葛市） 漯河市（源汇区、郾城区、召陵区） 三门峡市（湖滨区、陕州区） 南阳市（卧龙区、宛城区、镇平县） 商丘市（梁园区、睢阳区、永城市） 信阳市（平桥区、固始县） 周口市（项城市） 驻马店市（遂平县） 济源市	45 618.7
	农产品主产区	郑州市（中牟县） 开封市（杞县、通许县、祥符区、兰考县） 洛阳市（新安县、汝阳县、宜阳县、洛宁县） 平顶山市（叶县、鲁山县、郏县、舞钢市） 安阳市（汤阴县、滑县、内黄县、林州市） 鹤壁市（淇滨区、浚县、淇县） 新乡市（获嘉县、原阳县、延津县、封丘县、辉县市） 焦作市（修武县、博爱县、武陟县、温县） 濮阳市（清丰县、南乐县、范县、台前县） 许昌市（鄢陵县、襄城县、禹州市） 漯河市（舞阳县、临颍县） 三门峡市（渑池县、义马市、灵宝市） 南阳市（南召县、方城县、社旗县、唐河县、新野县） 商丘市（民权县、睢县、宁陵县、柘城县、虞城县、夏邑县） 信阳市（潢川县、淮滨县、息县） 周口市（川汇区、扶沟县、西华县、商水县、沈丘县、郸城县、淮阳县、太康县、鹿邑县） 驻马店市（驿城区、西平县、上蔡县、平舆县、正阳县、确山县、泌阳县、汝南县、新蔡县）	99 914.2

续表

省份	主体功能区	县（市、区）名称	总面积（km²）
河南省	重点生态功能区	洛阳市（栾川县、嵩县） 南阳市（西峡县、内乡县、淅川县、桐柏县、邓州市） 三门峡市（卢氏县） 信阳市（浉河区、罗山县、光山县、新县、商城县） 安阳市（安阳县、北关区、文峰区、殷都区、龙安区）	31 365.1
安徽省	重点开发区	蚌埠市（淮上区、禹会区、蚌山区、龙子湖区） 亳州市（谯城区） 淮北市（烈山区、相山区、杜集区） 阜阳市（颍东区、颍泉区）	5 536.8
	农产品主产区	蚌埠市（怀远县、五河县、固镇县） 淮南市（凤台县、潘集区） 淮北市（杜集区、濉溪县） 阜阳市（颍州区、临泉县、太和县、阜南县、颍上县、界首市） 亳州市（涡阳县、蒙城县、利辛县） 宿州市（砀山县、萧县、灵璧县、泗县）	23 499.1
河北省	重点开发区	邯郸市（丛台区、复兴区、峰峰矿区、成安县、永年区、磁县、肥乡区、鸡泽县、邯山区） 邢台市（桥东区、桥西区、任县、南和县、隆尧县、柏乡县）	6 045.8
	农产品主产区	邯郸市（临漳县、大名县、邱县、广平县、馆陶县、魏县、曲周县） 邢台市（宁晋县、巨鹿县、新河县、广宗县、平乡县、威县、清河县、临西县、南宫市）	10 500.4
	重点生态功能区	邯郸市（涉县、武安市） 邢台市（邢台县、临城县、内丘县、沙河市）	7 966.5
山东省	重点开发区	菏泽市（东明县、牡丹县、巨野县） 聊城市（东昌府区、茌平县）	6 418.1
	农产品主产区	聊城市（阳谷县、莘县、东阿县、冠县、高唐县、临清市） 菏泽市（曹县、单县、成武县、郓城县、鄄城县、定陶区） 泰安市（东平县）	14 355.3
山西省	重点开发区	长治市（潞城市、长治县、郊区、城区） 运城市（盐湖区、新绛县、永济市、河津市、闻喜县）	6 204.5

省份	主体功能区	县（市、区）名称	总面积（km²）
山西省	农产品主产区	长治市（襄垣县、屯留县、长子县、武乡县、沁县） 晋城市（城区、泽州县、高平市） 运城市（临猗县、万荣县、稷山县、绛县、夏县、芮城县）	16121.2
	重点生态功能区	晋城市（阳城县、陵川县、沁水县） 运城市（垣曲县、平陆县） 长治市（平顺县、黎城县、壶关县、沁源县）	15 227.1

注：2014年，开封市金明区并入龙奇区；2016年邯郸市邯郸县下辖地区分别划为邯山区和丛台区；但为保持数据可比性，本书均基于原始行政区划进行分析与评价。

第 2 章　评价指标及模型

对中原经济区开展主体功能区规划实施评价，需要根据卫星遥感技术特点和实际的数据支撑情况，并综合考虑区域发展面临的最为迫切问题和区域主体功能定位，以高分遥感为数据支撑，以经济地理学方法为基础方法，应用GIS空间分析、空间统计等方法，开展模型方法的构建。

2.1　评价指标

根据《全国主体功能区规划》，中原经济区属于国家级重点开发区，针对重点开发区的评价是要实行工业化、城镇化水平优先的绩效评价，综合评价经济增长方式、吸纳人口、质量效益、产业结构、资源消耗、环境保护及外来人口公共服务覆盖面等内容，弱化对投资增长速度等指标的评价。根据以上规划定位，考虑卫星遥感技术和数据的支撑能力，本书主要评价以下 4 个问题。

1）全区国土开发活动是否得到控制？开发布局是否得到优化？

2）高强度国土开发区域宜居性是否得到提高？

3）农产品主产区中的耕地是否得到保护、质量是否得到提升[4]？

4）重点生态功能区中的生态系统是否得到保护、生态服务功能是否得到提升？

根据以上 4 个问题，依据卫星遥感技术特点及数据支撑情况[5]，特别是考虑到现有可提供数据下载的 GF-1[6]、GF-2 卫星，以及将发射或者已发射但尚未提供数据下载的 GF-3 ～ GF-6 等卫星的遥感荷载特点和能力[7, 8]，本书拟通过以下 11 个指标予以定量评价（表 2-1）。

表 2-1　主体功能区规划实施评价问题、指标和范围

序号	评价问题	评价指标	评价范围
1	国土开发是否得到控制？开发布局是否得到优化？	国土开发强度 国土开发聚集度 国土开发均衡度	全区
2	宜居性是否得到改善？	城市绿被率 城市绿化均匀度 城市热岛 城市热岛面积	城市
3	耕地是否得到保护？	耕地面积 农田生产力	农产品主产区
4	生态系统是否得到保护？	植被绿度 优良生态系统	重点生态功能区

根据上述评价问题、评价指标，主要使用的产品包括 LULC（Land use and land cover）产品、城市绿被覆盖产品、地表温度（land surface temperature，LST）产品、植被绿度 [即归一化植被指数（normalized differential vegetation index，NDVI）] 产品 4 种产品。这些产品与高分数据的关系、国内外替代数据的关系等描述见表 2-2。

表 2-2　主体功能区规划实施评价指标及 GF 产品和 GF 替代产品

序号	评价指标	应用产品
1	国土开发强度	高分 LULC 产品，2015 年 基于 TM、ETM+、HJ 的 LULC 产品，2010 年 基于 TM、ETM+、HJ 的 LULC 产品，2005 年
2	国土开发聚集度	高分 LULC 产品，2015 年 基于 TM、ETM+、HJ 的 LULC 产品，2010 年 基于 TM、ETM+、HJ 的 LULC 产品，2005 年 城市核心区、非核心区范围
3	国土开发均衡度	高分 LULC 产品，2015 年 基于 TM、ETM+、HJ 的 LULC 产品，2010 年 基于 TM、ETM+、HJ 的 LULC 产品，2005 年

续表

序号	评价指标	应用产品
4	城市绿被率	高分城市绿被覆盖产品，2015 年 基于 TM、ETM+ 的城市绿被覆盖产品，2005 年 基于 TM、ETM+ 的城市绿被覆盖产品，2010 年 城市建成区范围
5	城市绿化均匀度	高分城市绿被覆盖产品，2015 年 基于 TM、ETM+ 的城市绿被覆盖产品，2005 年 基于 TM、ETM+ 的城市绿被覆盖产品，2010 年 城市建成区范围
6	城市热岛	高分替代地表温度产品（ETM+ 替代 GF-4），2014 年、2015 年 城市建成区范围
7	城市热岛面积	高分替代地表温度产品（ETM+ 替代 GF-4），2014 年、2015 年 城市建成区范围
8	耕地面积	高分 LULC 产品，2015 年 基于 TM、ETM+、HJ 的 LULC 产品，2010 年 基于 TM、ETM+、HJ 的 LULC 产品，2005 年 农产品主产区边界
9	农田生产力	基于 VPM（vegetation photosynthesis model）模型的 NPP 产品，2005 年、2010 年、2015 年 高分替代农田生产力产品（TM、Landsat-8_OLI 替代） 高分 LULC 产品，2015 年 基于 TM、ETM+、HJ 的 LULC 产品，2010 年 基于 TM、ETM+、HJ 的 LULC 产品，2005 年
10	植被绿度	高分 NDVI 产品，2014 ～ 2015 年， MODIS（moderate-resolution imaging spectroradiometer）NDVI 产品，2005 ～ 2013 年 重点生态功能区边界
11	优良生态系统	高分 LULC 产品，2015 年 基于 TM、ETM+、HJ 的 LULC 产品，2010 年 基于 TM、ETM+、HJ 的 LULC 产品，2005 年 重点生态功能区边界

2.2 指标算法

2.2.1 国土开发强度

国土开发强度，是指一个区域内城镇、农村、工矿水利和交通道路等各类建设空间占该区域国土总面积的比例[9]。国土开发强度是监测评价主体功能区规划实施成效的最基础、最核心的指标。

在中国科学院 1 ∶ 10 万 LULC 产品支持下，国土开发强度计算公式如下：

$$LDI = \frac{UR+RU+OT}{TO}$$

式中，LDI（land development intensity）为国土开发强度；UR（urban resident land area）为城镇居住用地面积；RU（rural resident land area）为农村居住用地面积；OT（other resident land area）为其他建设用地面积；TO（total land area）为区域总面积。

这里的"区域"，可以是不同大小的行政区域，如县域单元、地级市单元或者省域单元；也可以是不同尺度上的栅格单元，如 1km、5km 和 10km 网格单元。

根据以上定义，国土开发强度指标既可以方便地以栅格数据展示，并参与空间运算，同时也可以非常实用地以行政区专题统计图的形式出现，供政府决策部门使用。

2.2.2 国土开发聚集度

国土开发聚集度，是衡量城乡建设用地空间聚块、连片程度的指标[10]。较高的国土开发聚集度，指示了本地区国土开发空间的高度集中、各区块独立性强的特点；较低的国土开发聚集度，指示了本地区国土开发比较分散，建设地块在空间上不连续，建设地块之间存在较大空当。

在传统的经济学、经济地理学中，关于聚集度的测度有多种算法，如首位度、区位商、赫芬达尔 – 赫希曼指数、空间基尼系数、EG（Elilsion and Glaesev）指数等。但是这些指标算法都是基于统计数据而来的，难以空间化展示和分析。为此，本书在 GIS 技术支持下，开发了空间化的国土开发聚集度指标算法模型。

公里网格建设用地面积占比指数（JSZS）：首先计算公里网格上的建设用地比重，而后应用如下的卷积模板对空间栅格数据进行卷积运算，由此计算得到公里网格建设用地面积占比指数。

$$JSZS=JSZB \times W$$

$$W = \begin{vmatrix} 0.25 & 0.5 & 0.25 \\ 0.5 & 1 & 0.5 \\ 0.25 & 0.5 & 0.25 \end{vmatrix}$$

式中，JSZS 为 3×3 网格中心格点的公里网格建设用地面积占比指数；JSZB 为格点建设用地面积占比。

地域单元国土开发聚集度（JJD）：首先计算公里网格建设用地面积占比，而后应用如下公式计算目标地域单元国土开发聚集度：

$$JJD_{i,j}=SDCL \times 0.4+CLTP \times 0.6$$

式中，$JJD_{i,j}$ 为地域单元国土开发聚集度；SDCL 为网格 i，j 及 8 邻域内网格建成区面积不为 0 的网格内建成区面积的标准差；CLTP 为建成区面积为 0 的网格数与总网格数的比值。

上述 2 个反映国土开发聚集度的指数各有其优势的适用场合：公里网格建设用地面积占比指数可以方便地以栅格数据展示，并参与空间运算，地域单元国土开发聚集度则有利于使用基于行政区的专题统计图形式呈现，供政府决策部门使用。

2.2.3 国土开发均衡度

国土开发均衡度，是指一个地区传统远郊区县国土开发速率与该地区传统中心城区国土开发速率的比值[11]。国土开发均衡度越大，表明新增国土开发活动越偏向于远郊区县；国土开发均衡度越小，表明新增国土开发活动越偏向于传统中心城区。

国土开发均衡度计算公式如下：

$$JHD = \frac{NCUCSR}{UCSR}$$

$$NCUCSR_{05\sim10} = \frac{NCUCLR_{10} - NCUCLR_{05}}{NCUCLR_{05}}$$

$$UCSR_{10\sim15} = \frac{UCLR_{15} - UCLR_{10}}{UCLR_{10}}$$

式中，JHD 为国土开发均衡度；NCUCSR（non-center urban construction spread rate）为区域内远郊区县建设用地扩展率；UCSR（urban construction spread rate）为区域内传统中心城区建设用地扩展率；$NCUCSR_{05\sim10}$（non-center urban construction spread rate）为远郊区县 2005～2010 年建设用地扩展率；$UCSR_{10\sim15}$（urban construction spread rate）为传统中心城区 2010～2015 年建设用地扩展率；$NCUCLR_n$（non-center urban construction land area）和 $UCLR_n$（urban construction land area）分别代表的是特定年份（2005 年、2010 年和 2015 年）远郊区县和传统中心城区的城乡建设用地面积。

由于国土均衡度计算需要确定中心城区建设和远郊区县，因此该指标无法在栅格上计算和展示，只能根据县（市、区）单元、地区（地级市、直辖市）单元或省域单元进行专题统计分析和展示。

2.2.4　城市绿被率

城市绿被，是评价高强度国土开发区域（即城市）生态环境、宜居水平的重要因子[12]。通常可以通过城市绿被覆盖的情况予以衡量。

城市绿被覆盖是指乔木、灌木、草坪等所有植被的垂直投影面积，包括屋顶绿化植物的垂直投影面积及零星树木的垂直投影面积，乔木树冠下的灌木和草本植物不能重复计算。城市绿被率，则是指区域内各类绿被覆盖垂直投影面积之和占该区域总面积的比率。

城市绿被覆盖信息的获取是基于卫星遥感影像实现的专题信息提取。专题信息提取的技术路线可以参见指标产品研制相关介绍。

城市绿被率的计算方法如下：

$$UGR = \frac{GPA}{TOT} \times 100\%$$

式中，UGR（urban green-coverage ratio）为城市绿被率；GPA（green-coverage projection area）为城市绿被面积；TOT（total area）为城市区域总面积。

与国土开发强度类似，针对城市绿被面积、城市绿被率的评价，既可以以栅格数据的形式予以展示，并参与空间运算，同时也可以以行政区专题统计图的形式出现，供政府决策部门使用。

2.2.5　城市绿化均匀度

城市绿被的生态服务和社会休闲服务能力不仅依赖于绿被面积的总量，更与绿地的空间配置直接相关。长期以来，我国一直以城市绿被面积、城市绿被率、人均绿地面积等简单的比率指标来指导城市绿被系统建设，忽视空间布局上的合理性，极大地削弱了城市绿被为城市居民提供休闲服务、城市绿被为城市生态系统提供水热调节功能的能力。为此，本书基于 GIS 分析方法，研发了城市绿化均匀度指标。

城市绿化均匀度 I，可以通过标准化最邻近点指数（nearest neighbor indicator，NNI）来衡量[13]。具体算法是

$$I=\frac{R}{2.15}$$

式中，R 为最邻近指数。由于 R 的取值范围为 0（高度集聚）～ 2.15（均匀分布），因此，对 R 进行标准化后，城市绿化均匀度的值域范围即变为 [0，1]。

最邻近点指数 R 的计算公式如下：

$$R=2D_{ave}\sqrt{\frac{N}{A}}$$

式中，D_{ave} 为每一点与其最邻近点的距离算数平均；A 为片区总面积；N 为抽象点个数。D_{ave} 和 R 可以利用空间分析工具 Average Nearest Neighbor 计算得到。

2.2.6　城市热岛

城市热岛，是指城市因大量的人工发热、建筑物和道路等高蓄热体及绿地减少等因素，造成城市中的气温明显高于外围郊区的现象。

城市热岛采用叶彩华提出的城市热岛强度指数（urban heat island intensity index，UHII）[14] 的计算方法来估算城市热岛强度，其公式即

$$UHII_i=T_i-\frac{1}{n}\sum_{}^{n}T_{crop}$$

式中，$UHII_i$ 为图像上第 i 个像元所对应的城市热岛强度；T_i 为地表温度；n 为郊区农田内的有效像元数；T_{crop} 为郊区农田内的地表温度。

本书中的 T_{crop} 区域是城乡居民用地（编号：51）缓冲 5 ～ 10km 范围内的耕地（编号：11 和 12），则各县（市、区）城乡居民用地（编号：51）区域内的

UHII$_i$ 平均值为该县（市、区）的城市热岛强度。

对于地表温度，可以使用当年 7～9 月 MODIS 温度产品（白天），求平均值后，再利用 Landsat 或 GF-1 数据，依据 NDVI 与 LST 相关关系较强，进行降尺度运算（将空间分辨率从 1km 转为 30m），最终所求即为当年夏季白天温度产品。具体计算可以参见该产品的处理流程章节（3.3 节），本节不再赘述。

2.2.7　城市热岛面积

为反映城市热岛变化情况，本书按城市热岛强度值的范围大小，选择合适的阈值（表 2-3），划分为无热岛、弱热岛、中热岛、强热岛和极强热岛 5 种类型区域，并对各等级区域的面积进行统计对比。

表 2-3　城市热岛区域分级指标

代码	城市热岛类型	城市热岛强度（℃）
1	无热岛	<0
2	弱热岛	0～3
3	中热岛	3～5
4	强热岛	5～7
5	极强热岛	>7

2.2.8　耕地面积

耕地，是指专门种植农作物并经常进行耕种、能够正常收获的土地。一般可以分为水田和旱地 2 种类型。

在 LULC 产品支持下，耕地面积计算公式如下：

$$CA = PA + DA$$

式中，CA（cultivation area）为耕地总面积；PA（paddy area）为水田面积；DA（dryland area）为旱地面积。

本书以 TM/ETM+、GF 等卫星影像数据作为数据源，开展人工目视辅助计算机遥感解译判读，得到中原经济区地区土地利用与土地覆被数据；对中原经济区地区土地利用与土地覆被数据进行专题要素提取，具体提取 11、12 等 3 种土地利用类型，由此得到耕地类型的空间分布；在此基础上，求得一定区域内的耕地总面积、耕地面积占比 2 个具体指标。

2.2.9　农田生产力

植被净初级生产力（net primary productivity，NPP），是指植被在单位时间和单位面积上所累积的有机干物质总量，与作物产量直接相关[15, 16]。对于农作物这类一年生的植被，其生育期内净初级生产力的累计值应该等于收获期（成熟）的作物生物量。基于 LULC 数据"耕地类型"分类的净初级生产力，即农田生产力，它是度量作物产量最基础、最核心的产品。

高时空分辨率的遥感数据可为大范围、高精度、快速变化的农田生产力遥感监测提供有力支持，基于 VPM 模型 500m 空间分辨率的 NPP 数据和 Landsat-8_EVI 时序拟合得到的 30m 空间分辨率的 NPP 产品可以满足清晰掌握精细尺度上农作物生长动态的需求。

NPP 与增强植被指数 EVI、NDVI 等植被指数之间存在线性相关关系，可通过提取 NPP 与 NDVI、EVI 的纯像元，寻找两者的相关关系。选取基于 VPM 模型、利用 MODIS 数据计算的时序低空间分辨率生产力数据作为基准数据（用 t_1 年表示），通过纯像元提取，每种植被类型分别获得若干组数据，这些数据作为输入数据，使用 ENVI/IDL 的 linfit 函数进行线性拟合，分别得到每种植被类型 EVI 与对应时序 NPP 之间的拟合公式：

$$\text{mNPPmean}(t_1,\ k_1)= a\times\text{EVImean}(t_1,\ k_1)+ b$$

式中，EVImean$(t_1,\ k_1)$ 为 t_1 年 k_1 天纯像元对应的 EVI 的平均值；mNPPmean $(t_1,\ k_1)$ 为 t_1 年 k_1 天的纯像元的植被生产力；a、b 为待拟合参数。

基于以上拟合所得参数 a、b，计算待拟合年份（用 t_2 表示）与所用 Landsat 数据相对应的 8 天尺度的 mNPP$(t_2,\ k_2)$，公式如下：

$$\text{mNPP30}(t_2,\ k_2)= a\times\text{EVI30}(t_2,\ k_2)+ b$$

式中，mNPP30 $(t_2,\ k_2)$ 为计算所得 t_2 年 k_2 天高分辨率植被生产力；EVI 30 $(t_2,\ k_2)$ 为基于 Landsat 数据计算的 t_2 年 k_2 天的 EVI；a、b 为拟合参数。

假设同一地区不同年份的植被类型是不变的，即植被生产力的变化趋势及规律是恒定的。基于同一地区不同年份的植被类型是不变的假设，不同年份植被生长趋势相同，已知 t_1 年时序低分辨率生产力数据及 t_2 年 k_2 天的高分辨率生产力数据，基于同一地区不同年份的植被类型是不变的假设，可得下列公式：

$$\frac{\text{mNPP}_{500}(t_1, k_2)}{\text{mNPP}_{500}(t_1, i)} = \frac{\text{mNPP}_{30}(t_2, k_2)}{\text{mNPP}_{30}(t_2, i)}\quad i\in[1\sim 365]$$

式中，mNPP500$(t_1,\ k_2)$ 为 t_1 年 k_2 天的植被生产力；mNPP30$(t_2,\ k_2)$ 为 t_2 年 k_2 天的植被生产力；mNPP500$(t_1,\ i)$ 为 t_1 年 i 天的植被生产力；mNPP30$(t_2,\ i)$ 为待计算的 t_2 年 i 天的高分辨率生产力；i 为变量，表示 $1\sim 365$ 天中的任意一天。

基于以上方法可计算得到 t_2 年时序高分辨率植被生产力，累加可得到 t_2 年 30m 空间分辨率的植被净初级生产力。

2.2.10　农田生产力分级

1）高、中、低产田界定：高产田，是指没有明显的土壤障碍因素、土肥水气热环境协调、农田基础设施配套完善、在当地典型种植制度和管理水平下主导粮食作物产量能够持续稳定在较高水平的耕地；低产田，是指存在明显的土壤障碍因素、土壤肥力水平低、农田基础设施差、经营管理粗放、主导粮食作物产量显著低于当地平均水平的耕地；中产田，是指产量界于高产田和低产田之间的耕地[17, 18]。

2）高、中、低产田划分标准：各地高中低产田统一按《全国各耕地类型区高产田、中产田、低产田粮食单产指标参照表》（表2-4）划分。①产量指标为当地典型种植制度下水稻、小麦、玉米等主导粮食作物前三年正常年份的周年平均产量，一年两熟以上种植粮食作物的，其产量为多熟粮食产量加和。除薯类作物按5∶1的比例进行折算外，其他粮食作物直接累加；非粮食作物按邻近地块的参照粮食作物产量折算。②各类耕地面积乘以该类型耕地的平均产量之和不能突破全县年粮食总产量。③高、中、低产田之和必须与上年末统计部门公布的耕地面积相等。

表2-4 全国各耕地类型区高产田、中产田、低产田粮食单产指标参照表

[单位：kg/(亩·a)]

地区	参照粮食作物	高产田	中产田	低产田	涉及省（自治区、直辖市）
东北平原区	玉米或水稻	>600	400～600	<400	黑龙江、吉林、辽宁、内蒙古
华北平原区	玉米和小麦	>800	500～800	<500	北京、天津、河北、河南、山东、江苏、安徽
北方山地丘陵区	玉米和小麦	>600	300～600	<300	辽宁、内蒙古、山东、山西、河北、河南、北京、天津
黄土高原区	玉米或小麦	>500	300～500	<300	陕西、甘肃、宁夏、内蒙古、青海、山西
内陆区	玉米或小麦或水稻	>600	300～600	<300	甘肃、宁夏、内蒙古、新疆、青海、西藏
南方稻田区	水稻和小麦	>850	550～850	<550	湖北、湖南、江苏、江西、广东、广西、云南、贵州、重庆、四川、海南、福建、浙江、安徽、上海
南方山地丘陵区	玉米和小麦	>800	500～800	<500	湖北、湖南、江西、广东、广西、云南、贵州、重庆、四川、海南、福建、浙江、安徽

注：1亩≈666.67m²。

根据不同作物的收获部分的含水量和收获指数 (经济产量与作物地上部分干重的比值), 农业统计数据的产量与植被碳储量存在一定转换关系, 则 NPP 与农作物产量之间转换关系如下:

$$NPP = \frac{Y \times (1 - MC_i) \times 0.45}{HI \times 0.9}$$

式中, Y 为单位面积农作物的产量 (g/m^2); MC_i 为作物收获部分的含水量 (%); HI 为作物的收获指数; 0.9 为作物收获指数的调整系数; 0.45 为将 NPP 转换为植物地上生物量碳的转换系数。

中国农业统计数据中八大类主要农作物收获部分的含水量和收获指数见表2-5。

表 2-5　主要农作物的收获指数及含水量

作物	MC (%)	HI
稻谷	14	0.38 ~ 0.51
小麦	12.5	0.28 ~ 0.46
玉米	13 ~ 14	0.45 ~ 0.53
豆类	12 ~ 13	0.2 ~ 0.3
薯类	80	0.5
棉花	8.3	0.3 ~ 0.4
油菜	9 ~ 18	0.21 ~ 0.3
糖料 (甜菜)	85	0.4

中原经济区主要以小麦和玉米为主产, 综合考虑后农作物含水量 (MC) 取两种农作物的均值, 即 13%, 收获指数 (HI) 取 0.45。以全国各耕地类型区高、中、低产田粮食单产指标为参照, 计算得到中原经济区高产田下限标准为农田 NPP 值等于 1160gC/($m^2 \cdot a$), 低产田上限标准为农田 NPP 值等于 725gC/($m^2 \cdot a$)。

本书以 LULC 数据"耕地类型"中的农田为掩模，利用掩模分析得到净初级生产力，即为农田净初级生产力（农田 NPP），它是度量作物产量最基础、最核心的产品。农田生产力产品是根据农田 NPP 高低，结合地方实际情况确定的农田高、中、低产田的空间范围。中、低产田是指目前的产出水平远未达到所处的自然和社会经济条件下应有的生产能力，具有较大增产潜力的耕地；高产田是指不存在或较少存在制约农业生产的限制因素，生产能力较高的耕地。

对耕地进行高、中、低产田划分的依据实质上是按照平均分配原则将耕地分为三类，鉴于农田 NPP 包含一个主要的正态分布，定义正态分布前后两个拐点对应的 NPP 值为分界值，分别为 NPP_a 和 NPP_b（$NPP_a < NPP_b$），定义 NPP_{dif} 为 NPP_a 与 NPP_b 的差值。

$$低产田上限标准 = NPP_a + NPP_{dif} \times 30\%$$

$$高产田下限标准 = NPP_b - NPP_{dif} \times 35\%$$

以 NPP 与粮食产量的转换关系和高、低产田标准为参照，综合考虑后得出中原经济区高产优质农田下限标准 NPP 值等于 $1014gC/(m^2 \cdot a)$，低产非优质农田上限标准农田 NPP 值等于 $727gC/(m^2 \cdot a)$。最终，低于低产田上限标准的归类为低产田，高于高产田下限标准的归类为高产田，介于低产田上限和高产田下限标准之间的归类为中产田。

2.2.11 植被绿度

植被绿度，即归一化植被指数（NDVI），是衡量陆地植被生长状况的基本指标[19]。

NDVI 计算的公式如下：

$$NDVI = \frac{NIR - R}{NIR + R}$$

式中，NIR 为近红外波段；R 为红波段。

由于 NDVI 受植被类型、降水影响，对于区域植被绿度的评价，不能简单以少数几个年份的 NDVI 绝对值进行对比，而必须以长时间序列上的 NDVI 年内最大值为基本表征，进行时间序列的趋势变化分析。年最大 NDVI（M_{NDVI}）获取公式如下：

$$M_{\text{NDVI}}=\max(\text{NDVI}_1, \text{NDVI}_2, \text{NDVI}_3,\cdots)$$

为衡量区域植被生态系统的变化状况，采用了 NDVI 年变化倾向作为表征，具体采用了基于最小二乘法拟合得到的线性回归方程计算得到变化斜率。具体拟合公式为

$$Y=K \times X + b$$

式中，K 为 NDVI 的变化斜率；b 为截距。

2.2.12 优良生态系统

优良生态系统，是指有利于生态系统结构保持稳定，有利于生态系统发挥水源涵养、水土保持、防风固沙、水热调节等重要生态服务功能的自然生态系统类型。

本书中，具体是指各类自然林地、高覆盖度草地、中覆盖度草地、各种水体和湿地等优良生态土地覆被类型的总面积（表 2-6）。

表 2-6 优良生态系统土地覆被类型

代码	名称	含义
21	有林地	指郁闭度 >30% 的天然林和人工林，包括用材林、经济林、防护林等成片林地
22	灌木林	指郁闭度 >40%、高度在 2m 以下的矮林地和灌丛林地
31	高覆盖度草地	指覆盖度 >50% 的天然草地、改良草地和割草地，此类草地一般水分条件较好，草被生长茂密
32	中覆盖度草地	指覆盖度为 20%～50% 的天然草地和改良草地，此类草地一般水分不足，草被较稀疏

续表

代码	名称	含义
42	湖泊	指天然形成的积水区常年水位以下的土地
43	水库坑塘	指人工修建的蓄水区常年水位以下的土地
46	滩地	指河、湖水域平水期水位与洪水期水位之间的土地
64	沼泽地	指地势平坦低洼、排水不畅、长期潮湿、季节性积水或常年积水、表层生长湿生植物的土地

优良生态系统面积的计算公式为

$$YLArea=Area（DL_{21}+DL_{22}+DL_{31}+DL_{32}+DL_{42}+DL_{43}+DL_{46}+DL_{64}）$$

式中，YLArea 为优良生态系统类型总面积；Area 为各优良生态系统类型的面积；DL_{21}、DL_{22}、DL_{31}、DL_{32}、DL_{42}、DL_{43}、DL_{46}、DL_{64} 分别为表 2-6 中各地类。

考虑到研究区面积不等，除了使用优良生态系统的绝对面积，使用优良生态系统指数（即优良生态系统面积占比）来评价区域生态环境总体质量是一个更加重要、客观的指标，公式如下：

$$YLZS=\frac{YLArea}{Area}$$

式中，YLZS 为优良生态系统指数；YLArea 为优良生态系统区域面积；Area 为区域总面积。

第3章　指标产品研制和精度检验

3.1　LULC 产品

3.1.1　概述

LULC 产品是卫星遥感应用研究最基础、最核心的产品。

在本书设计的指标中，国土开发强度、国土开发聚集度、国土开发均衡度、城市绿被相关指标（城市建成区边界）、城市热岛相关指标（城市建成区边界）、耕地相关指标、优良生态系统等，均使用了 LULC 产品。

本书中 2005 年、2010 年的 LULC 产品是基于 TM、ETM+ 等影像数据，应用人工目视判读辅助计算机解译得到，2015 年的 LULC 产品则是基于 GF-1 WFV（wide field of view，多光谱宽覆盖）影像，应用人工目视判读辅助计算机解译得到。3 个时段的 LULC 产品的研制技术过程完全相同。因此，3.1 节即以 2015 年 LULC 产品的研制过程为例，说明 LULC 产品研制关键环节。

3.1.2　基础数据

根据《中原经济区规划》大纲，中原经济区以河南省为主体，包括河南省毗邻的晋东南、鲁西南、冀南、皖北的部分区域，空间范围涉及 5 个省。具体范围包括河南全省 18 个省辖市，山西省的晋城市、长治市和运城市，河北省的邯郸市和邢台市，山东的聊城市、菏泽市和泰安市东平县，安徽省的淮北市、亳州市、宿州市、阜阳市、蚌埠市、淮南市潘集区和凤台县，共涵盖 33 个市（县、区），研究区面积为 28.87 万 km^2。

研究使用数据如下。

1）2015 年 GF-1 数据（13 景）。

2）2013 年 LULC 矢量数据。

3）Google Earth 影像数据。

4）ArcGIS 在线遥感影像。

LULC 解译所使用的卫星影像为 2015 年夏季（均为 7～8 月）GF-1 16 m 分辨率的 WFV 相机数据[20]。WFV 相机具体参数及影像数据见表 3-1。表 3-2 为使用的具体卫星影像。

表 3-1　GF-1 卫星 WFV 相机参数

有效载荷	波段号	光谱范围（nm）	空间分辨率（m）	宽幅（km）	测摆能力（°）
WFV 相机	1	450～520	16	800	±32
	2	520～590			
	3	630～690			
	4	770～890			

表 3-2　中原经济区 LULC 解译使用的具体卫星影像

代码	获取时间	数据标识
1	2015 年 7 月 14 日	GF1_WFV1_E110.3_N34.6_20150714_L1A0000917904
2	2015 年 7 月 26 日	GF1_WFV1_E112.6_N34.6_20150726_L1A0000944862
3	2015 年 8 月 03 日	GF1_WFV1_E112.7_N33.0_20150803_L1A0000958661
4	2015 年 7 月 26 日	GF1_WFV1_E113.0_N36.3_20150726_L1A0000944861
5	2015 年 7 月 30 日	GF1_WFV1_E113.2_N34.6_20150730_L1A0000950886
6	2015 年 8 月 15 日	GF1_WFV1_E115.5_N36.3_20150815_L1A0000980476
7	2015 年 8 月 15 日	GF1_WFV1_E115.9_N38.0_20150815_L1A0000980475
8	2015 年 8 月 03 日	GF1_WFV2_E114.4_N30.9_20150803_L1A0000958671
9	2015 年 7 月 30 日	GF1_WFV2_E114.8_N32.6_20150730_L1A0000950899

续表

代码	获取时间	数据标识
10	2015 年 7 月 30 日	GF1_WFV2_E115.2_N34.3_20150730_L1A0000950898
11	2015 年 8 月 03 日	GF1_WFV2_E115.2_N34.3_20150803_L1A0000958669
12	2015 年 7 月 27 日	GF1_WFV3_E110.6_N35.6_20150727_L1A0000946576
13	2015 年 7 月 14 日	GF1_WFV3_E114.8_N35.6_20150714_L1A0000917935
14	2015 年 8 月 03 日	GF1_WFV3_E116.7_N32.3_20150803_L1A0000958751
15	2015 年 7 月 30 日	GF1_WFV3_E117.1_N33.9_20150730_L1A0000950915
16	2015 年 7 月 07 日	GF1_WFV4_E111.0_N33.4_20150707_L1A0000904862
17	2015 年 7 月 27 日	GF1_WFV4_E113.2_N36.7_20150727_L1A0000946579
18	2015 年 7 月 14 日	GF1_WFV4_E116.9_N35.2_20150714_L1A0000917956
19	2015 年 8 月 03 日	GF1_WFV4_E119.2_N33.5_20150803_L1A0000958763

3.1.3　处理流程

以 2013 年 LULC 数据为基础，应用 2015 年夏季 GF-1 WFV 影像，开展 2013～2015 年研究区 LULC 动态变化解译，最终形成 LULC2015 产品（图 3-1）。

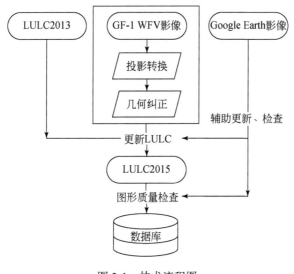

图 3-1　技术流程图

研制过程中，对于 2015 年的 LULC 产品的基本要求如下。

分类系统：土地利用分类系统沿用中国科学院资源环境科学数据中心数据库中一贯的分类系统，即 6 个一级类，25 个二级类。具体内容见表 3-3。

表 3-3　中国科学院 LULC 分类系统

一级类		二级类		含义
编号	名称	编号	名称	
1	耕地	—	—	指种植农作物的土地，包括熟耕地、新开荒地、休闲地、轮歇地、草田轮作物地；以种植农作物为主的农果、农桑、农林用地；耕种 3 年以上的滩地和海涂
		11	水田	指有水源保证和灌溉设施，在一般年景能正常灌溉，用以种植水稻、莲藕等水生农作物的耕地，包括实行水稻和旱地作物轮种的耕地
		12	旱地	指无灌溉水源及设施，靠天然降水生长作物的耕地；有水源和浇灌设施，在一般年景下能正常灌溉的旱作物耕地；以种菜为主的耕地；正常轮作的休闲地和轮歇地
2	林地	—	—	指生长乔木、灌木、竹类，以及沿海红树林等的林业用地
		21	有林地	指郁闭度 >30% 的天然林和人工林，包括用材林、经济林、防护林等成片林地
		22	灌木林	指郁闭度 >40%、高度在 2m 以下的矮林地和灌丛林地
		23	疏林地	指林木郁闭度为 10% ～ 30% 的林地
		24	其他林地	指未成林造林地、迹地、苗圃及各类园地（果园、桑园、茶园、热作林园等）
3	草地	—	—	指以生长草本植物为主，覆盖度 >5% 的各类草地，包括以牧为主的灌丛草地和郁闭度 <10% 的疏林草地
		31	高覆盖度草地	指覆盖度 >50% 的天然草地、改良草地和割草地，此类草地一般水分条件较好，草被生长茂密
		32	中覆盖度草地	指覆盖度为 20% ～ 50% 的天然草地和改良草地，此类草地一般水分不足，草被较稀疏
		33	低覆盖度草地	指覆盖度为 5% ～ 20% 的天然草地，此类草地水分缺乏，草被稀疏，牧业利用条件差

一级类		二级类		含义
编号	名称	编号	名称	
4	水域	—	—	指天然陆地水域和水利设施用地
		41	河渠	指天然形成或人工开挖的河流及主干常年水位以下的土地。人工渠包括堤岸
		42	湖泊	指天然形成的积水区常年水位以下的土地
		43	水库坑塘	指人工修建的蓄水区常年水位以下的土地
		44	永久性冰川雪地	指常年被冰川和积雪所覆盖的土地
		45	滩涂	指沿海大潮高潮位与低潮位之间的潮侵地带
		46	滩地	指河、湖水域平水期水位与洪水期水位之间的土地
5	城乡、工矿、居民用地	—	—	指城乡居民点及其以外的工矿、交通等用地
		51	城镇用地	指大、中、小城市及县镇以上建成区用地
		52	农村居民点	指独立于城镇以外的农村居民点
		53	其他建设用地	指厂矿、大型工业区、油田、盐场、采石场等用地，以及交通道路、机场及特殊用地
6	未利用土地	—	—	目前还未利用的土地，包括难利用的土地
		61	沙地	指地表为沙覆盖，植被覆盖度 <5% 的土地，包括沙漠，不包括水系中的沙漠
		62	戈壁	指地表以碎砾石为主，植被覆盖度 <5% 的土地
		63	盐碱地	指地表盐碱聚集、植被稀少，只能生长强耐盐碱植物的土地
		64	沼泽地	指地势平坦低洼、排水不畅、长期潮湿、季节性积水或常年积水、表层生长湿生植物的土地
		65	裸土地	指地表土质覆盖，植被覆盖度 <5% 的土地
		66	裸岩石质地	指地表为岩石或石砾，其覆盖面积 >5% 的土地
		67	其他	指其他未利用土地，包括高寒荒漠、苔原等

投影坐标：动态更新制图的投影坐标与此前数据库保持一致，为双标准纬线等面积割圆锥投影，也称 Albers 投影。具体参数如下。

坐标系：大地坐标系。

投影：Albers 投影。

南标准纬线：25°N。

北标准纬线：47°N。

中央经线：105°E。

坐标原点：105°E 与赤道的交点。

纬向偏移：0°。

经向偏移：0°。

椭球参数采用 Krasovsky 参数：a=6 378 245.000 0m，b=6 356 863.018 8m。

统一空间度量单位：m。

精纠正误差控制：1 ～ 2 个像元。

动态解译标准：大于 16 个像元的地物均要求解译。

3.1.4　精度评价

在中原经济区随机生成 300 个抽样点，采用基于误差矩阵的分类精度评价方法进行精度评价，并计算制图精度、用户精度、总体精度等。

利用高分影像参照对比，并应用误差矩阵方法计算得出（表 3-4）：中原经济区 LULC 数据总体精度（OA）为 95.00%，用户精度（UA）和制图精度（PA）均达到 80% 以上，错分误差（CE）和漏分误差（OE）均低于 20%，根据全国土地利用数据库 2005 年更新实施方案中的质量检查规范，符合制图精度。

表 3-4　中原经济区 LULC 误差矩阵

LULC 类型		参考数据							CE（%）	UA（%）
		耕地	林地	草地	水域	建设用地	其他	总计	CE（%）	UA（%）
解译数据	耕地	165	2			4		171	3.51	96.49
	林地		42					42	0.00	100
	草地		1	21				22	4.55	95.45
	水域	1			9			10	10.00	90.00
	建设用地	5	1		1	47		54	12.96	87.04
	其他						1	1	0.00	100
	总计	171	46	21	10	51	1	300		
	OE（%）	3.51	8.70	0.00	10.00	7.84	0.00	OA=95.00%		
	PA（%）	96.49	91.30	100	90.0	92.16	100			

3.2　城市绿被覆盖产品

3.2.1　概述

城市绿被覆盖，是指由乔木、灌木、草坪等所有植被的垂直投影面积，包括屋顶绿化植物的垂直投影面积及零星树木的垂直投影面积，乔木树冠下的灌木和草本植物不能重复计算。

城市绿被覆盖产品是开展城市宜居性评价的重要指标，依据城市绿被覆盖产品，可以进一步计算得到城市绿被率、城市绿化均匀度 2 个关键评价指标。

城市绿被覆盖产品都是使用基于支持向量机的监督分类方法得到的。其中，2005 年、2010 年产品是基于 Landsat-5 TM 影像数据，2015 年产品则是基于 GF-1 WFV 影像。3 个时段的城市绿被覆盖产品的研制技术过程完全相同。因此，

3.2 节即以 2015 年北京市城市绿被覆盖产品的研制过程为例，说明城市绿被覆盖产品研制关键环节。

3.2.2 基础数据

本书需要提取中原经济区 33 个市（县、区）内的绿地空间分布信息。与前面的 LULC 产品研制不同，城市绿被覆盖产品只需要提取城市建成区内的绿地。因此，所需处理的影像范围大大减少。但是由于信息提取过程深入到城市内部，因此对于信息提取的精细程度和产品精度要求更高。

研究使用的数据如下。

1）2015 年 GF-1 数据。

2）2013 年 LULC 矢量数据（用于提取城市建成区）。

3）Google Earth 影像数据。

4）ArcGIS 在线遥感影像。

城市绿被覆盖信息提取使用了 Landsat-5、GF-1 卫星数据。其中，2005 年和 2010 年使用的是 TM 影像数据，2015 年使用的是 GF-1 WFV 影像数据。具体参数见表 3-5。

表 3-5　卫星遥感信息源

年份	卫星	传感器	影像光谱范围	波段	分辨率（m）
2005	Landsat-5	TM	多光谱影像	7	30
2010	Landsat-5	TM	多光谱影像	7	30
2015	GF-1	WFV	多光谱影像	4	16

为了开展产品精度验证，本书研究中还使用了 Google Earth 影像数据、ArcGIS 在线遥感影像数据。

3.2.3　处理流程

本研究采用了基于支持向量机的监督分类方法来提取城市绿被覆盖信息，具体流程如图 3-2 所示。

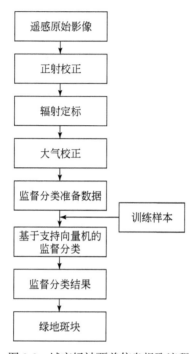

图 3-2　城市绿被覆盖信息提取流程

城市绿地斑块的提取主要包括三个步骤：影像选取、影像预处理和监督分类。

1）影像选取：选取原则是 2005 年、2010 年、2015 年 7 ～ 8 月的影像，同时尽量选取无云清晰的数据。

2）影像预处理：正射校正、辐射定标和大气校正。

正射校正：对图像空间和几何畸变进行校正生成多中心投影平面正射图像来纠正一般系统因素产生的几何畸变并消除地形引起的几何畸变。可以通过 ENVI 5.1 工具箱中的自动正射校正工具 RPC orthorectification 实现 [21]。

辐射定标：通过将记录的原始影像像元亮度值转换为大气外层表面反射率来消除传感器本身的误差，确定传感器入口处准确的辐射值。可以通过 ENVI 5.1 工具箱中的 Radiometric calibration 实现。

大气校正：通过将辐射亮度值或者表面反射率转换为地表实际反射率来消除大气散射、吸收、反射引起的误差。可以通过 ENVI 5.1 工具箱中的 Atmosphere correction 实现。

3）绿地监督分类：本次绿地提取是使用基于支持向量机的监督分类方法实现的。首先在预处理好的影像上选择各种地物的训练样本，计算各样本之间的可分离性；其次当样本中各地物的可分离性指数达到 1.8 以上时，使用基于支持向量机的方法对影像进行监督分类；最后单独提取出分类结果中的绿地斑块。

3.2.4　精度评价

在各个城市内部随机生成抽样点，采用基于误差矩阵的分类精度评价方法进行精度评价，并计算制图精度、用户精度、总体精度等。

利用高分影像参照对比，并应用误差矩阵方法计算得出（表 3-6），有 23 个非绿地点被错分为绿地，绿地错分误差（CE）为 19.49%，有 22 个绿地点被漏分为非绿地，绿地漏分误差（OE）为 18.8%，绿地用户精度（UA）为 80.51%，制图精度（PA）为 81.2%，绿地斑块提取总体精度（OA）为 85%。

表 3-6　误差矩阵

LULC 类型		参考数据				
		绿地	非绿地	总计	CE（%）	UA（%）
解译数据	绿地	95	23	118	19.49	80.51
	非绿地	22	160	182	12.09	87.91
	总计	117	183	300		
	OE（%）	18.8	12.57		OA=85%	
	PA（%）	81.2	87.43			

3.3　地表温度产品

3.3.1　概述

地表温度（land surface temperature，LST）在环境遥感研究及地球资源应用过程中具有广泛而深入的需求。它是重要的气候与生态控制因子，影响着大气、海洋、陆地的显热和潜热交换，是研究地气系统能量平衡、地－气相互作用的基本物理量[22]。但由于地球－植被－大气这一系统的复杂性，精确反演 LST 成为一个公认的难题。

在本书中，城市热岛的评估首先就取决于城市 LST 产品的获取。本书对郑州市 2005 年、2010 年、2015 年的夏季白天 LST 进行了研制。利用当年 7～9 月 MODIS 夏季白天 LST 产品，求平均值后，依据 Landsat 或 GF-1 数据，进行降尺度运算（将空间分辨率从 1km 转为 30m），最终即为所求当年夏季温度产品。不同地区的 LST 产品的反演过程完全相同。因此，本研究即以郑州市 LST 产品研制为例，说明 LST 研制和验证关键环节。

3.3.2　基础数据

根据评估计划，本书对 2005 年、2010 年和 2015 年郑州市夏季白天 MODIS 的 LST 产品进行降尺度研制。使用的 Landsat 或 GF-1 数据获取时间均为当年（相邻年）5～9 月，此时段植被生长旺盛，选取云量较少的数据为最终数据。具体数据文件见表 3-7。

MODIS 和 Landsat 等影像数据的下载地址为 http://www.gscloud.cn/。

根据 GF 系列卫星发射计划，GF-5 系列卫星将具有热红外探测能力，GF-4 系列卫星也具有中波红外探测能力[23]。因此，GF-5 系列卫星将可以直接应用到城市地表温度反演研究中[8]，GF-4 系列卫星数据在开展一定的技术攻关后，可以应用到地表温度反演研究中。

表 3-7　郑州市数据情况表

年份	数据标识	
	MODIS	Landsat
2005	MODLT1M.20050701.CN.LTD.AVG.V2 MODLT1M.20050801.CN.LTD.AVG.V2 MODLT1M.20050901.CN.LTD.AVG.V2	LT51240362006136BJC00
2010	MODLT1M.20100702.CN.LTD.AVG.V2 MODLT1M.20100801.CN.LTD.AVG.V2 MODLT1M.20100901.CN.LTD.AVG.V2	LT51240362009176IKR00
2015	MODLT1M.20150701.CN.LTD.AVG.V2 MODLT1M.20150801.CN.LTD.AVG.V2 MODLT1M.20150901.CN.LTD.AVG.V2	LC81240362014126LGN00

3.3.3　处理流程

以 2014 年 Landsat-8 及 2015 年 MODIS 夏季白天温度产品作为数据源，降尺度得到地表温度，并进行统计分析，对郑州市的城市热岛情况进行评估（图 3-3 ）。

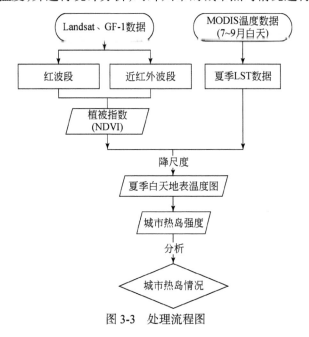

图3-3　处理流程图

MODIS 温度产品降尺度说明如下。

植被和水体是控制地表温度最具影响力的因子，因此利用 NDVI（选取 6～9 月时相较好的影像，最大值合成法）与 LST 相关关系较强的特点，进行栅格降尺度再分配，分配原则为同时满足以下条件：新栅格值小于等于全区最高温度；大于等于全区最低温度；降尺度的各个区域的温度的最值（最大值与最小值）和平均值之比不得大于全区温度的标准差与全区温度的平均值之比；新栅格值升尺度后的平均温度等于旧栅格的值。全区依照 NDVI 调节分配，NDVI 大于特定值，则温度不高于 30℃，高于则需重新分配。

3.3.4　精度评价

针对 MODIS 降尺度后 LST 产品，采用同期的 Landsat LST 产品（自行反演得到）对其进行精度验证。可以采用空间分布对比方法、统计对比方法、空间抽样统计方法等。

从空间对比上看，对 LST 产品的评价还可以从不同 LST 产品的空间格局上进行比较。

总体上看，MODIS 产品、降尺度后 LST 产品与 Landsat 产品具有大致相同的空间分布格局，MODIS LST 产品空间分辨率较低；而降尺度后 LST 和 Landsat LST 产品空间分辨率较高，可以清楚展示空间分异。具体来说：2014 年 5 月 6 日，郑州市 3 种产品地表温度空间分布大致相同，即中心城区温度较高，南部、东部等地区温度较低（表 3-8）。

表 3-8　郑州市三种温度产品数据对比表　　　　　　　　（单位：℃）

项目	2014 年 5 月 6 日		
	MODIS LST	降尺度后 LST	Landsat LST
最高值	33.51	33.57	41.9

续表

项目	2014 年 5 月 6 日		
	MODIS LST	降尺度后 LST	Landsat LST
最低值	19.55	19.55	18.07
平均温度	24.95	24.42	26.15

由表 3-8 可知，3 种温度产品相比，结果较为相近。但 Landsat 和降尺度后 LST 产品具有较高的空间分辨率，可以更加准确地反映区域温度的空间变化和异常，而不至于像 MODIS 原始 LST 产品一样，由于空间分辨率较低，造成区域温度的平滑化，无法敏感反映区域的高热异常。

对于 LST 产品，还可以通过空间采样继而计算 2 种产品的相关性。其中评价相关性和精度的指标如下。

1）均方根误差（root mean square error，RMSE）。

$$RMSE = \sqrt{\frac{\sum_{i=1}^{n}(VCY_i - VCX_i)^2}{n}}$$

式中，VCX 和 VCY 分别为 MODIS 和 Landsat 样本点提取数据；n 为样本个数。

2）估算精度（estimate accuracy，EA）。

$$EA = \left(1 - \frac{RMSE}{Mean}\right) \times 100\%$$

式中，Mean 为 MODIS 数据采样点的均值。

具体方式：首先在空间上按行列规则采样，在郑州市共采集 247 个样点；剔除空缺值后，利用筛选保留的 200 余个样点做空间散点图，并计算相关系数和决定系数。具体见表 3-9。

表 3-9　郑州市 2014 年 5 月 6 日 Landsat LST 产品数据拟合结果

项目	样本数（个）	b	R^2	RMSE	EA（%）
MODIS LST	209	0.876	0.349	4.35	82.58
降尺度后 LST		0.891	0.492	4.19	83.05

注：b 为截距。

如表 3-9 所示，本书所得 2014 年 5 月 6 日 MODIS LST、降尺度后 LST 产品与同期的 Landsat LST 产品具有较好的线性相关性，b 值接近 1，表明本书所研制的 LST 产品精度较高。其中，MODIS LST 产品的估算精度在 82.58%，降尺度后 LST 产品的估算精度为 83.05%，略高于 MODIS 产品，表明降尺度后 LST 产品不仅在数据估算精度上得到一定提升，同时分辨率也得到了大幅度提高，在细节描述上更能体现城市内部的差异性。

3.4　农田生产力（农田 NPP）

3.4.1　概述

植被净初级生产力是植被在单位时间和单位面积上所累积的有机干物质总量，与作物产量直接相关。基于 LULC 数据"耕地类型"分类的净初级生产力，即农田生产力（农田 NPP），它是度量作物产量最基础、最核心的产品。

高时空分辨率的遥感数据可为大范围、高精度、快速变化的农田生产力遥感监测提供有力支持，基于 VPM 模型 500m 空间分辨率的 NPP 数据和 Landsat-8_EVI 时序拟合得到的 30m 空间分辨率的农田 NPP 产品可以满足清晰掌握精细尺度上农作物生长动态的需求。

中、低产田，是指目前的产出水平远未达到所处的自然和社会经济条件下应有的生产能力，具有较大增产潜力的耕地；高产田，是指不存在或较少存在制约农业生产的限制因素，生产能力较高的耕地。

人口的持续增长和食物消费水平的快速提升使我国的粮食自给问题越发受到关注。后备土地资源补给能力的不足和城市化过程对优质耕地的占用使耕地资源"开源"和"节流"均存在一定困难，因此，提高耕地资源利用效率、提升耕地生产能力成为当前我国农业发展的根本策略，清晰地掌握高产田面积的变化是定量评估标准农田项目建设成效的必要手段。

3.4.2　基础数据

本书中，农田 NPP 产品即基于 LULC 数据"耕地类型"分类的净初级生产力产品。

本书研究所使用的基础数据、产品包括以下内容。

1）2005 年、2010 年 TM5 数据，2015 年 Landsat-8_OLI 数据。

2）VPM 模型 2005 年、2010 年、2015 年 500m NPP 数据。

3）2005 年、2010 年、2015 年 LULC 矢量数据。

3.4.3　处理流程

以 MODIS_EVI、MODIS_LSWI（land surface water index）数据、光合可利用辐射（photosynthetically active radiation，PAR）、温度、作物历、物候数据、LULC 数据、TM5 数据、Landsat-8_OLI（operational land imager）数据为基础，应用 VPM 模型和时序拟合方法，开展 2004 年、2009 年、2014 年河南省漯河市舞阳县的 30m 空间分辨率 NPP 产品的计算[18]。最终对获取的高分辨率 NPP 数据进行求导运算，形成高空间分辨率 NPP 变化产品；对获取的高分辨率 NPP 数据依据标准进行划分，得到高空间分辨率的高、中、低产田数据，对比分析不同时期的高、中、低产田数据形成高空间分辨率的农田 NPP 产品，具体流程如图 3-4 所示。

3.4.4　精度评价

以舞阳县为例，对农田 NPP 产品进行精度验证，其结果如下。

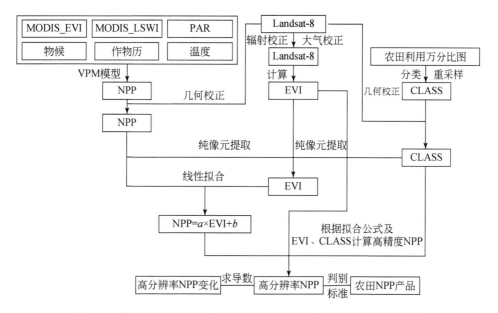

图 3-4　高空间分辨率生产力变化和农田生产力产品生成技术流程图

根据 2009 年舞阳县的统计结果，全县 2009 年粮食平均产量为 1.18kg/m²，2014 年粮食平均产量为 1.72kg/m²，2009～2014 年粮食平均产量提升 0.54kg/m²。计算结果显示：2009 年舞阳县高空间分辨率 NPP 年均值为 567gC/m²，2014 年高空间分辨率 NPP 年均值为 980gC/m²。2014 年的 NPP 年均值和 2009 年的 NPP 年均值相差 413gC/m²，以 2014 年的粮食平均产量和 NPP 年均值为参考，计算得到 2009～2014 年粮食平均产量提升值为 0.70kg/m²。对比分析统计数据的 0.54kg/m²，二者相差 0.16 kg/m²，由此说明遥感数据估算的结果具有较高的精度且和统计结果具有很好的一致性（表 3-10～表 3-12）。

表 3-10　2009～2014 年舞阳县 NPP 年均值和粮食平均产量统计

年份	NPP 年均值 (gC/m²)	粮食平均产量 (kg/m²)
2009	567	1.18
2014	980	1.72

表 3-11　2009～2014 年舞阳县粮食统计提升值和计算提升值对比　　（单位：kg/m²）

项目	2009～2014 年粮食平均产量提升值
计算值	0.70
统计值	0.54

表 3-12　2009～2014 年舞阳县高产田面积统计值和计算值对比　　（单位：km²）

项目	2009 年	2014 年
统计值	667	16 008
计算值	633	18 052

根据舞阳县 2009 年的统计结果，全县 2009 年高产田面积为 667km² 左右。由 VPM 模型和时序拟合算法得到的高空间分辨率 NPP 数据计算出的高产田面积为 633km² 左右。全县 2014 年高产田面积为 16 008km² 左右；由 VPM 模型和时序拟合算法得到的高空间分辨率 NPP 数据计算出的高产田面积为 18 052km² 左右。由此可见高空间分辨率的遥感数据获取的高产田面积数据和实际的统计数据具有很好的一致性，同时也说明高空间分辨率的遥感数据可以在更精细的尺度上提供准确的辅助信息。

3.5　植被绿度产品

3.5.1　概述

植被绿度，即归一化植被指数（NDVI），是衡量陆地植被生长状况的基本指标。NDVI 产品是全球植被状况监测与土地覆被和土地覆被变化监测的基础产品。NDVI 产品可作为模拟全球生物地球化学和水文过程与全球、区域气候的输入，也可以用于刻画地球表面生物属性和过程，包括初级生产力和土地覆被转变[24，25]。

本书中 2005～2013 年所用到的 NDVI 数据来自于美国国家航空航天局（National Aeronautics and Space Administration，NASA）发布的 MODIS L3/L4 MOD13A3 产品[26，27]。2014～2015 年 NDVI 根据 GF-1 WFV 影像数据由本研究自行计算得到，GF-1 WFV 影像可以从中国资源卫星应用中心网站下载得到。

3.5.2　基础数据

研究区为中原经济区范围内的重点生态功能区。

研究所使用的基础数据、产品如下。

1）2005～2013 年，MODIS L3/L4 MOD13A3 产品。

2）2014～2015 年，GF-1 WFV 影像数据，下载于中国资源卫星应用中心网站。

3）中原经济区主体功能区规划图（用于提取重点生态功能区）。

3.5.3　处理流程

2005～2013 年 NDVI 数据利用 MODIS L3/L4 MOD13A3 数据处理得到，具体流程如图 3-5 所示。

下载得到的 MODIS NDVI 数据的有效值范围为（−20 000，−10 000），其中 −30 000 为无效值。NDVI 数值扩大，需要利用 Band Math 进行处理，算法是

```
(b1 lt 0)*0+(b1 ge 0)*(b1*0.0001)
```

NDVI 年值产品通过年内月值产品的最大值合成法得到。具体公式如下：

$$M_{\text{NDVI}} = \max(\text{NDVI}_1, \text{NDVI}_2, \text{NDVI}_3, \cdots)$$

2014～2015 年 NDVI 数据由 GF-1 WFV 数据获取，具体处理流程如图 3-6

所示，波段性能参数见表3-13。

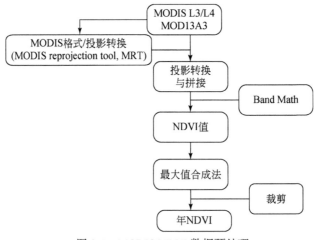

图 3-5　MODIS NDVI 数据预处理

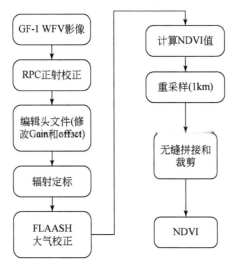

图 3-6　GF-1 WFV 影像数据处理流程图

表 3-13　GF-1 WFV 影像波段性能参数表

波段号	波段	波长（μm）	分辨率（m）
1	蓝	0.45 ～ 0.52	16
2	绿	0.52 ～ 0.59	16
3	红	0.63 ～ 0.69	16
4	近红外	0.77 ～ 0.89	16

NDVI 由 GF-1 卫星遥感数据得到，具体方法如下：

$$NDVI = \frac{NIR - R}{NIR + R}$$

式中，NIR 为近红外波段；R 为红波段。

3.5.4　精度评价

针对 2014 ～ 2015 年的 GF-1 影像计算的 NDVI 数据，采用同期的 MODIS NDVI 数据对其进行精度验证。

遥感产品 NDVI 为空间连续数据，其数值具有明确的物理意义，数值本身也是连续的，数值的高低意味着不同的能力，但是不代表物理化学性质的变化。采用常规统计方法计算相关系数、均方根误差、估算精度等来对高分影像获取的 NDVI 进行精度评价。

均方根误差（RMSE）：

$$RMSE = \sqrt{\frac{\sum_{i=1}^{n}(VCY_i - VCX_i)^2}{n}}$$

式中，n 为验证点个数；VCY_i 为第 i 个验证点提取的 GF-1 NDVI 值；VCX_i 为第 i 个验证点的 MODIS NDVI 值。

估算精度（EA）：

$$EA = \left(1 - \frac{RMSE}{Mean}\right) \times 100\%$$

式中，Mean 为 MODIS NDVI 验证点的均值。

中原经济区重点生态功能区内随机选取了 50 个样点。

以 MODIS NDVI 验证点为横坐标，以 GF-1 NDVI 提取点为纵坐标，制作散点图，如图 3-7 所示，验证结果如表 3-14 所示。

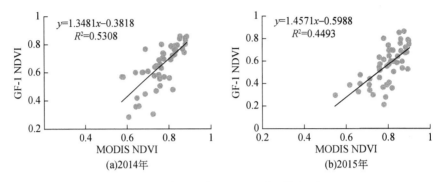

图 3-7　中原经济区 NDVI 验证散点图

表 3-14　NDVI 精度验证结果统计

区域	2014 年		2015 年		总体	
	RMSE	EA（%）	RMSE	EA（%）	RMSE	EA（%）
重点生态功能区	0.156	79.66	0.174	78.18	0.165	78.87

　　根据上述精度分析发现，本书基于 GF-1 WFV 所得的 2014～2015 年的 NDVI 数据与同期 MODIS NDVI 产品具有较好的一致性。2 期的 GF-1 NDVI 产品与 MODIS NDVI 产品之间的相关系数在 0.5 左右，其中 2014 年 GF-1 NDVI 产品精度在 79.66%，2015 年 GF-1 NDVI 产品估算精度略低于 2014 年，为 78.18%（表 3-14）。

第4章 规划实施评价

根据中原经济区主体功能区规划目标及规划实施评价指标设计，主要从4个方面（即国土开发、城市环境、耕地保护、生态保护），总计11个指标参数，开展中原经济区主体功能规划实施综合评价。

4.1 国 土 开 发

4.1.1 国土开发强度

国土开发强度指标是主体功能区规划的核心指标，对国土开发强度的监测和评价是主体功能区规划实施评价的核心内容。对国土开发的监测和评价，既可以在公里网格上开展空间分布规律提炼，也可以在行政区尺度上开展区域的对比分析。

1. 各省国土开发强度

从中原经济区城乡建设用地空间分布上看，2005～2015年，中原经济区城乡建设用地主要分布在京广线以东的平原地区。在西北部的太行山、中条山地区，西部的伏牛山地区，以及南部的大别山地区，城乡建设用地明显较少。

从时间变化上看，2005～2015年中原经济区各省国土开发强度如下。

河北省城乡建设用地从2548.96km^{2}增加到4060.7km^2，增长了59.3%，国土开发强度从2005年的10.39%增加到2015年的16.70%。2015年，本省国土开发强度已经超出了《河北省主体功能区规划》设定的目标（11.17%）5.53个百分点。

山西省城乡建设用地从 1543.73km² 增加到 2693.01km²，面积增长了 1149.28km²，增长了 74.4%，国土开发强度从 2005 年的 4.12% 增加到 2015 年的 7.19%。2015 年，本省国土开发强度已经超出了《山西省主体功能区规划》设定的目标（6.3%）约 1 个百分点。

安徽省城乡建设用地从 6120.66km² 增加到 7934.79km²，面积增长了 1814.13km²，增长了 29.6%，国土开发强度从 2005 年的 15.70% 增加到 2015 年的 20.36%。2015 年，本省国土开发强度已经超出了《安徽省主体功能区规划》设定的目标（15%）约 5 个百分点。

山东省城乡建设用地从 3812.50km² 增加到 4624.51km²，面积增长了 812.01km²，增长了 21.3%，国土开发强度从 2005 年的 17.26% 增加到 2015 年的 20.94%。2015 年，本省国土开发强度已经超出了《山东省主体功能区规划》设定的目标（17%）近 4 个百分点。

河南省城乡建设用地从 18 134.10km² 增加到 22 194.80km²，面积增长了 4060.70km²，增长了 22.4%，国土开发强度从 2005 年的 10.9% 增加到 2015 年的 13.4%。本省国土开发强度距离《河南省主体功能区规划》设定的目标（15.9%）尚有 2.5 个百分点的增长空间（表 4-1）。

表 4-1　中原经济区各省国土开发面积和国土开发强度

地区	2005 年		2010 年		2015 年		2020 年规划目标
	面积（km²）	强度（%）	面积（km²）	强度（%）	面积（km²）	强度（%）	强度（%）
河北省	2 548.96	10.39	3 611.54	14.72	4 060.7	16.70	11.17
山西省	1 543.73	4.12	2 339.29	6.25	2 693.01	7.19	6.3
安徽省	6 120.66	15.70	6 440.67	16.52	7 934.79	20.36	15
山东省	3 812.50	17.26	4 347.89	19.69	4 624.51	20.94	17
河南省	18 134.1	10.9	19 240.8	11.6	22 194.8	13.4	15.9

由于中原经济区虽包含河南省的全部，但仅包含其他省的部分区域，因此无法对其他省进行具体建设用地面积的比对，这里只对河南省内不同建设用地的扩展进行进一步分析，并与河南省 2020 年规划值进行对比（表4-2）。

表 4-2　河南省建设用地面积　　　　　　　　　（单位：km²）

项目	2005 年	2010 年	2015 年	2020 年目标
城市面积	2 768.2	3 729.8	4 226.4	8 040
农村居民点占地面积	14 759.6	14 717.5	16 703.7	13 600
其他建设用地	606.3	793.5	1 264.7	4 754
建设用地总面积	18 134.1	19 240.8	22 194.8	26 394

2015 年，河南省建设用地为 22 194.8km²，未超出《河南省主体功能区规划》设定的目标（26 394km²）。其中城市面积为 4226.4km²，未超出目标值（8040km²）；农村居民点占地面积为 16 703.7km²，超出目标值（13 600km²）。

2. 各主体功能区国土开发强度

针对各省内不同主体功能区内国土开发强度开展时序分析和对比分析（表4-3与图4-1），结论如下。

表 4-3　中原经济区各主体功能区内城乡建设用地面积及国土开发强度

主体功能区	区域面积（km²）	城乡建设用地（km²）			国土开发强度（%）		
		2005 年	2010 年	2015 年	2005 年	2010 年	2015 年
重点开发区	72 481.0	10 619.9	12 720.7	14 757.1	14.65	17.55	20.36
农产品主产区	164 560.1	20 199.4	21 445.5	24 633.4	12.27	13.03	14.97
重点生态功能区	51 732.2	1 339.9	1 814.1	2 116.5	2.58	3.50	4.10

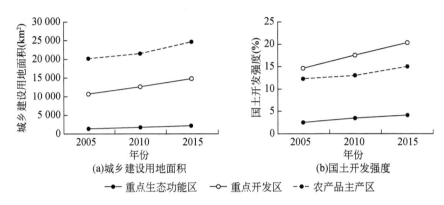

图 4-1　中原经济区主体功能区内城乡建设用地面积及国土开发强度

从城乡建设用地存量上看，2015 年城乡建设用地主要分布在农产品主产区、重点开发区和重点生态功能区。其中，农产品主产区内城乡建设用地总面积是重点开发区城乡建设用地面积的近 2 倍，但考虑主体功能区总面积后，重点开发区的国土开发强度则要远高于农产品主产区内的国土开发强度。

从国土开发强度上看，2015 年 3 类区域国土开发强度从高到低的排序依次为重点开发区、农产品主产区和重点生态功能区。前两类区域国土开发强度分别为 20% 和 15% 左右，后一类区域国土开发强度则只有 4% 左右。根据国土开发强度的现状空间分布和统计特征分析，当前中原经济区国土开发重心一直聚焦在重点开发区，与主体功能区规划要求相一致，符合规划实施要求。

图 4-2 显示了中原经济区各主体功能区分时段城乡建设用地面积增加量及变化率。

从城乡建设用地增量上看：2005 ～ 2015 年，新增城乡建设用地面积从大到小的区域排序依次为农产品主产区、重点开发区与重点生态功能区。农产品主产区内新增城乡建设用地总面积（4434km²）与重点开发区内新增城乡建设用地总面积（4137km²）相差不大。这表明，中原经济区地区新增国土开发活动主要集中在农产品主产区、重点开发区，在重点开发区国土开发活动重点方向与规划目

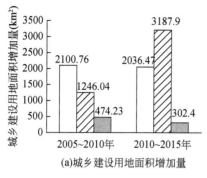

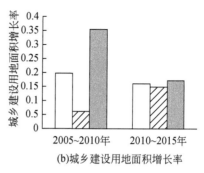

(a)城乡建设用地面积增加量　　　　(b)城乡建设用地面积增长率

□ 重点开发区　■ 重点生态功能区　▨ 农产品主产区

图 4-2　中原经济区各主体功能区分时段城乡建设用地面积增加量及变化率

标要求相一致，符合规划实施要求，但在农产品主产区国土开发活动重点方向与规划目标要求相悖。

从增量的绝对量上看，一方面，农产品主产区内新增城乡建设用地面积是重点开发区的 1.07 倍，这反映农产品主产区内国土开发没有得到有效限制。但另一方面，重点开发区城乡建设用地面积的增长速率达到 39.0%，是农产品主产区增长速率（22.0%）的 1.8 倍，这表明重点开发区发展势头强劲，中原经济区各级政府国土开发活动的重点确实落实在重点开发区。

需要注意的是，过去 10 年间，重点生态功能区城乡建设用地面积增长率最高，达到 58.0%，甚至远高于重点开发区内城乡建设用地的增长速率（39.0%）；重点生态功能区内城乡建设面积增长了 0.5 倍多。这一发展态势反映本区重点生态功能区国土开发活动过强，与国家主体功能区规划目标严重不吻合。

从时序变化上看，重点开发区、农产品主产区与重点生态功能区 3 类主体功能区内城乡建设用地 2010～2015 年增加量分别是 2005～2010 年增加量的 0.97倍、2.56 倍、0.64 倍。这表明，中原经济区除重点生态功能区 2010～2015 年的国土开发活动明显减弱外，在重点开发区基本不变，在农产品主产区国土开发活动受控程度特别低，2010～2015 年较 2005～2010 年还有大幅度上升趋势，以后需要严控这一现象。这与国家整体的土地管控和经济形势有相关关系。

针对中原经济区各省具体的国土开发强度数据进行分析（表4-4），结论如下。

表 4-4　中原经济区各主体功能区内国土开发强度　　　　（单位：%）

地区	主体功能区	2005 年	2010 年	2015 年
河北省	重点开发区	13.68	22.08	24.65
	农产品主产区	12.00	15.09	17.47
	重点生态功能区	2.19	4.76	5.06
山西省	重点开发区	10.27	13.98	16.50
	农产品主产区	4.46	6.35	7.22
	重点生态功能区	1.39	3.15	3.59
安徽省	重点开发区	16.59	18.05	22.91
	农产品主产区	15.42	16.07	19.66
山东省	重点开发区	16.93	20.64	22.41
	农产品主产区	17.27	19.16	20.31
河南省	重点开发区	14.65	16.85	19.53
	农产品主产区	11.80	11.84	13.49
	重点生态功能区	3.23	3.46	4.20

1）河北省：重点开发区内国土开发强度从2005年的13.68%增加到2015年的24.65%，农产品主产区内国土开发强度从2005年的12.00%增加到2015年的17.47%，重点生态功能区内国土开发强度从2005年的2.19%增加到2015年的5.06%。河北省国土开发活动依次集中在重点开发区、农产品主产区和重点生态功能区。国土开发活动的区域排序与本地区主体功能规划要求基本吻合，但总体的国土开发活动已经超过其2020年规划目标。主要问题如下：第一，重点开发区的国土开发强度虽然较其他类型区域的国土开发强度更高，但是并没有体现出其"重点开发"的特点和优势。第二，农产品主产区内国土开发活动较强，重点生态功能区内国土开发活动也有超过一倍的增长。这两类限制开发区内国土开发

活动的增长，不利于区域的农业生产和粮食安全，不利于区域的生态系统结构和服务的稳定。

2）山西省：重点开发区内国土开发强度从 2005 年的 10.27% 增加到 2015 年的 16.50%，农产品主产区内国土开发强度从 2005 年的 4.46% 增加到 2015 年的 7.22%，重点生态功能区内国土开发强度从 2005 年的 1.39% 增加到 2015 年的 3.59%。山西省国土开发活动依次集中在重点开发区、农产品主产区和重点生态功能区。国土开发活动的区域排序与本地区主体功能规划要求基本吻合，但总体的国土开发活动已经超过其 2020 年规划目标约 1 个百分点。主要的问题是山西省国土开发建设在重点生态功能区占用严重，在重点生态功能区内国土开发活动有超过一倍的增长。这与重点生态功能区的功能定位存在矛盾，必须予以严格控制。

3）安徽省：重点开发区内国土开发强度从 2005 年的 16.59% 增加到 2015 年的 22.91%，农产品主产区内国土开发强度从 2005 年的 15.42% 增加到 2015 年的 19.66%。显然，安徽省新增国土开发活动主要集中在重点开发区，其次为农产品主产区。国土开发活动的区域排序与本地区主体功能规划要求基本吻合，但总体的国土开发活动已经超过其 2020 年规划目标约 5 个百分点。主要的问题是安徽省国土开发建设在农产品主产区占用严重，2015 年开发值（19.66%）已经超出安徽省总体规划值（15%）近 5 个百分点，这与农产品主产区的功能定位存在矛盾，今后如不加控制，将严重影响农产品主产区的农业生产和粮食安全。

4）山东省：境内仅有两类主体功能区，即重点开发区、农产品主产区。其中，重点开发区内国土开发强度从 2005 年的 16.93% 增加到 2015 年的 22.41%，农产品主产区内国土开发强度从 2005 年的 17.27% 增加到 2015 年的 20.31%。山东省新增国土开发活动主要集中在重点开发区，其次为农产品主产区。国土开发活动的区域排序与本地区主体功能规划要求基本吻合，但总体的国土开发活动已经超过其 2020 年规划目标近 4 个百分点。主要的问题是山东省国土开发建设在农产品主产区占用严重，2015 年开发值（20.31%）已经超出山东省总体规划值（17%）

约 3 个百分点，这与农产品主产区的功能定位存在矛盾，必须予以严格控制。

5）河南省：重点开发区内国土开发强度从 2005 年的 14.65% 增加到 2015 年的 19.53%，农产品主产区内国土开发强度从 2005 年的 11.80% 增加到 2015 年的 13.49%，重点生态功能区内国土开发强度从 2005 年的 3.23% 增加到 2015 年的 4.20%。河南省国土开发活动依次集中在重点开发区、农产品主产区和重点生态功能区。开发活动的区域排序与本地区主体功能规划要求基本吻合，并且总体的开发强度并未超标，尚有 2.5 个百分点的增长空间。主要问题如下：第一，重点开发区的国土开发强度虽然较其他类型区域的国土开发强度更高，但是并没有体现出其"重点开发"的特点和优势。第二，重点生态功能区内国土开发活动增长率较快。这类限制开发区内国土开发活动的增长，不利于区域生态系统结构和服务的稳定。

4.1.2　国土开发聚集度

国土开发面积、国土开发强度明晰描述国土开发的数量和水平，但无法刻画国土开发空间分布格局。为此，需要应用公里网格建设用地面积占比指数和地域单元国土开发聚集度 2 个指标，从空间上刻画国土开发的聚集状况和聚集水平。

1. 各地区国土开发聚集度

从中原经济区城乡建设用地的公里网格建设用地面积占比指数来看：2005 ~ 2015 年，中原经济区东部地区城乡建设用地面积占比明显要比西部地区高。特别是东部地区的一些地级市的中心城区，形成很明显的都市连绵区。

从地域单元国土开发聚集度上看：各地级市的市辖区等区域国土开发聚集度明显最高；与公里网格建设用地面积占比指数的空间分布格局相似。

分析其原因，首先，中原经济区各地级市中心城区的国土开发聚集度明显最高，这是因为这些地区经济发达，城市建设用地、工矿交通建设用地等高度聚集。其次，中原经济区东部地区国土开发聚集度明显较高，这是因为这些区域地处平原，多为农产品主产区，中小型城乡建设较多，国土开发聚集程度也较高。最后，中原经济区西部地区的国土开发聚集度较低，这是因为这些地区多为重点生态功能区，人口分布较少，城乡建设较少，建设用地大多为小型的农村居民点，中小型城镇都比较少；这些区域城市体系发育不完善，村镇数量众多、零散分布，因此这些区域的国土开发聚集地最低。

从时间变化（表 4-5）上看，结论如下。

表 4-5　2005 ～ 2015 年中原经济区各地区国土开发聚集度变化

地区	2005 年	2010 年	2015 年	变化斜率
邯郸市	0.38	0.34	0.32	-0.059
邢台市	0.35	0.30	0.28	-0.078
长治市	0.47	0.40	0.38	-0.089
晋城市	0.50	0.45	0.43	-0.078
运城市	0.41	0.40	0.40	-0.014
蚌埠市	0.53	0.52	0.52	-0.013
淮南市	0.19	0.19	0.19	-0.003
淮北市	0.43	0.41	0.39	-0.037
阜阳市	0.40	0.40	0.40	0.008
宿州市	0.27	0.27	0.26	-0.008
亳州市	0.28	0.29	0.29	0.006
泰安市	0.28	0.28	0.28	-0.006
聊城市	0.25	0.24	0.24	-0.009
菏泽市	0.22	0.22	0.22	0.003
郑州市	0.59	0.50	0.46	-0.129
开封市	0.54	0.53	0.53	-0.010
洛阳市	0.59	0.56	0.55	-0.036

续表

地区	2005 年	2010 年	2015 年	变化斜率
平顶山市	0.49	0.46	0.45	−0.040
安阳市	0.52	0.51	0.50	−0.028
鹤壁市	0.56	0.54	0.52	−0.043
新乡市	0.45	0.44	0.42	−0.023
焦作市	0.50	0.48	0.45	−0.044
濮阳市	0.28	0.27	0.27	−0.013
许昌市	0.29	0.27	0.26	−0.028
漯河市	0.56	0.55	0.54	−0.018
三门峡市	0.56	0.51	0.49	−0.063
南阳市	0.41	0.40	0.40	−0.016
商丘市	0.26	0.27	0.27	0.006
信阳市	0.33	0.33	0.31	−0.019
周口市	0.18	0.18	0.18	0.001
驻马店市	0.22	0.21	0.20	−0.015

2005 ~ 2015 年，中原经济区国土开发聚集度总体呈现下降趋势，区域国土开发聚集度由 2005 年的 0.409 下降到 2015 年的 0.374。结合国土开发强度的变化，区域国土开发聚集度的下降表明，本区国土开发活动总体上是以"蛙跳式"方式发展，这种"蛙跳式"发展模式明显体现在中原经济区西部（山西省运城市、晋城市、长治市及河南省洛阳市等），以及河南省南部（河南省平顶山市、信阳市）。

对各个城市的具体发展情况进行分析，可以发现：郑州市、洛阳市、开封市等国土开发聚集度一直较高，表明这些地级市的城乡建设偏向于依托现有城区，呈现集中连片式开发；中原经济区山东省（菏泽市鄄城县、单县）、安徽省（亳州市谯城区）及河南省的商丘市、周口市与驻马店市东部县（区、市）呈明显的国土开发聚集度上升趋势，表明在上述地区，国土开发活动是以"蔓延式"发展，而不是以"蛙跳式"发展。但从 2005 ~ 2015 年的变化趋势来看，整个中原经济区的国土开发聚集度均呈下降趋势，这表明新开发国土形态逐渐转向"断续式""蛙跳式"。

　　具体到各个县（区、市）可以发现：在中原经济区东部（菏泽市单县、鄄城县等）、商丘市（宁陵县、夏邑县等）、周口市（川汇区、郸城县、鹿邑县等）及蚌埠市淮上区等，国土开发聚集度呈现上升或者基本平稳趋势。除此之外的其他县（区、市），基本上都呈现国土开发聚集度下降态势。

2.各主体功能区国土开发聚集度

　　针对各省市不同主体功能区内国土开发聚集度开展时序分析和对比分析（图4-3 和图 4-4），结论如下。

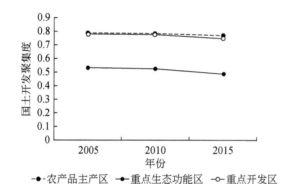

图 4-3　中原经济区主体功能区国土开发聚集度

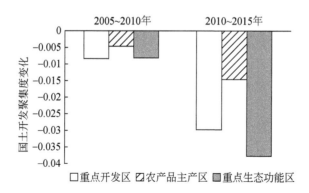

图 4-4　中原经济区各主体功能区分时段国土开发聚集度变化

2005～2015 年，中原经济区区域内国土开发聚集度从高到低依次为农产品主产区、重点开发区与重点生态功能区。

其中，重点开发区（0.75～0.78）与农产品主产区（0.77～0.79）国土开发聚集度相似，城乡聚集度较高，2 类区域内的国土开发聚集度相差不大。这是由于这 2 类区域主要位于中原经济区东部平原地带，在过去 10 年中，自然条件对国土开发活动的限制不大，中小型城乡建设较多，国土开发聚集度也较高。

重点生态功能区的国土开发聚集度最低（0.49～0.53），这是由于这类区域主要位于西部的生态限制开发地区，城乡建设活动受自然条件约束较大，只能分布于一些山间谷地、水源供给良好的区域，因此其土地高效集成开发程度自然会最低。

2005～2015 年，中原经济区地区国土开发聚集度是下降的，总体国土开发聚集度由 2005 年的 0.409 下降到 2015 年的 0.374。这表明本地区城乡建设用地布局趋向于离散化。具体分析如下。

2005～2015 年，中原经济区总体国土开发聚集度由 2005 年的 0.409 下降到 2015 年的 0.374。其中，重点开发区国土开发聚集度下降了 0.04，农产品主产区国土开发聚集度下降了 0.02，重点生态功能区国土开发聚集度下降了 0.05。这说明，农产品主产区内城乡建设用地布局管理相对较好，国土开发聚集度下降程度相对较低；而重点开发区、重点生态功能区内城乡建设用地布局管理相对较差，国土开发聚集度下降程度相对较高。

从前后 5 年的变化对比上看，2010～2015 年重点开发区、农产品主产区与重点生态功能区的国土开发聚集度减少量分别是 2005～2010 年减少量的 3.6 倍、3.2 倍、4.7 倍。这表明全区国土开发活动总体下降，国土开发布局呈现离散化态势，3 类主体功能区的国土建设布局呈现了"加速离散化"态势，这与这些地区 2010 年以来各类村、乡、镇居民点快速扩展有很大关系，城乡布局趋于小而多。

具体到各个省级行政区内部，不同类型主体功能区国土开发聚集度指数的时序变化见表 4-6。

表 4-6　中原经济区各主体功能区内国土开发聚集度

地区	主体功能区	2005 年	2010 年	2015 年
河北省	重点开发区	0.80	0.81	0.71
	农产品主产区	0.81	0.81	0.76
	重点生态功能区	0.60	0.55	0.46
山西省	重点开发区	0.70	0.69	0.62
	农产品主产区	0.64	0.63	0.58
	重点生态功能区	0.51	0.50	0.46
安徽省	重点开发区	0.86	0.88	0.87
	农产品主产区	0.88	0.85	0.88
山东省	重点开发区	0.84	0.85	0.83
	农产品主产区	0.85	0.84	0.85
河南省	重点开发区	0.78	0.80	0.73
	农产品主产区	0.77	0.77	0.76
	重点生态功能区	0.53	0.57	0.50

1）河北省：境内重点开发区、农产品主产区内的国土开发聚集度差别不大，大致都在 0.71 ～ 0.81，2005 ～ 2015 年的下降幅度也差不多，大致在 0.05 ～ 0.09。重点生态功能区内国土开发聚集度最低，在 0.46 ～ 0.60，10 年间下降了 0.14。总的来看，重点生态功能区的国土开发聚集度下降过快，河

北省未来应注意对重点生态功能区内城乡建设用地的规划和管理，提高其用地的集约化水平和经济效益；此外，未来还需要加强对重点开发区内城乡建设用地的管理和优化，避免土地无序扩展，提高城乡建设用地的集约化水平和产出能力。

2）山西省：境内重点开发区国土开发聚集度水平总体较高（0.62～0.70），2005～2015年10年间下降了0.08；重点生态功能区国土开发聚集度水平总体最低（0.46～0.51），10年间下降了0.05。总的来看，山西省未来应注意对重点生态功能区内城乡建设用地的规划和管理，提高其用地的集约化水平和经济效益。

3）安徽省：境内重点开发区、农产品主产区内的国土开发聚集度差别不大，大致都在0.85～0.88，2005～2015年的下降幅度也差不多，基本未变。总的来看，安徽省未来需继续保持对各主体功能区用地的集约化水平和经济效益的管理。

4）山东省：与安徽省类似，境内重点开发区、农产品主产区内的国土开发聚集度差别不大，大致都在0.83～0.85，2005～2015年的下降幅度也差不多，基本未变。总的来看，山东省未来需继续保持对各主体功能区用地的集约化水平和经济效益的管理。

5）河南省：境内重点开发区、农产品主产区内的国土开发聚集度差别不大，大致都在0.73～0.80，2005～2015年的下降幅度也差不多，大致在0.01～0.05。重点生态功能区内国土开发聚集度最低，在0.50～0.57，2005～2015年10年间下降了0.03。总的来看，与河北省类似，河南省未来应注意对重点生态功能区内城乡建设用地的规划和管理，提高其用地的集约化水平和经济效益；此外，未来还需要加强对重点开发区内城乡建设用地的管理和优化，避免土地无序扩展，提高城乡建设用地的集约化水平和产出能力。

4.1.3 国土开发均衡度

国土开发聚集度可以描绘城乡建设用地在特定空间的聚集情况，但无法刻画城乡建设用地在不同区域发展"圈层"间的扩展态势。国土开发均衡程度指标可以评价行政区内城乡建设扩展在传统中心城区与传统远郊区县间的空间分布特点。

国土开发均衡度指标是在地级市尺度上计算分析的，与主体功能区是在县（区、市）甚至乡一级上开展区划的尺度完全不同，因此对于国土开发均衡度的分析不可能从主体功能区维度展开。

由中原经济区各城市的国土开发均衡度空间分布来看（表4-7），2005～2010年，中原经济区大部分地市国土开发活动以传统中心城区开发为重点，国土开发均衡度小于1的地区有平顶山市、聊城市、洛阳市、焦作市、菏泽市、濮阳市、新乡市、亳州市、宿州市、淮北市、阜阳市、驻马店市、商丘市、运城市、信阳市、蚌埠市16个地级市，这些地级市面积占中原经济区全区面积一半以上。另外，以远郊区县为开发重点的城市有南阳市、鹤壁市等城市，尤其是南阳市的国土开发均衡度最大，达到12.86。

表 4-7 中原经济区地级市国土开发均衡度统计

地区	2005～2010 年		2010～2015 年		国土开发均衡度		国土开发均衡度之差
	中心城区国土开发强度扩展率	非中心城区国土开发强度扩展率	中心城区国土开发强度扩展率	非中心城区国土开发强度扩展率	2005～2010 年	2010～2015 年	
邯郸市	0.16	0.36	0.04	0.11	2.23	2.79	0.56
邢台市	0.45	0.52	0.08	0.17	1.15	2.20	1.05
长治市	0.58	1.20	0.08	0.12	2.07	1.50	−0.56
晋城市	0.62	1.10	0.06	0.06	1.79	1.09	−0.69

续表

地区	2005～2010 年		2010～2015 年		国土开发均衡度		国土开发均衡度之差
	中心城区国土开发强度扩展率	非中心城区国土开发强度扩展率	中心城区国土开发强度扩展率	非中心城区国土开发强度扩展率	2005～2010 年	2010～2015 年	
运城市	0.25	0.08	0.32	0.20	0.33	0.64	0.31
蚌埠市	0.29	0.04	0.59	0.18	0.14	0.31	0.17
淮北市	0.19	0.10	0.44	0.25	0.51	0.57	0.06
阜阳市	0.08	0.04	0.27	0.24	0.51	0.88	0.37
宿州市	0.06	0.03	0.27	0.23	0.53	0.84	0.31
亳州市	0.07	0.04	0.17	0.20	0.56	1.20	0.64
聊城市	0.31	0.22	0.07	0.07	0.72	0.98	0.26
菏泽市	0.15	0.10	0.10	0.03	0.64	0.32	−0.32
郑州市	0.43	0.79	0.13	0.13	1.83	0.97	−0.86
开封市	0.07	0.11	0.10	0.05	1.51	0.52	−0.99
洛阳市	0.32	0.23	0.05	0.13	0.70	2.78	2.08
平顶山市	0.15	0.13	0.02	0.07	0.90	3.06	2.16
安阳市	0.09	0.11	0.14	0.18	1.24	1.26	0.02
鹤壁市	0.03	0.08	0.25	0.24	2.77	0.95	−1.82
新乡市	0.05	0.03	0.04	0.12	0.56	2.70	2.14
焦作市	0.28	0.19	0.05	0.11	0.67	2.10	1.43
濮阳市	0.16	0.10	0.21	0.14	0.60	0.69	0.09
许昌市	0.12	0.13	0.13	0.08	1.04	0.64	−0.40
漯河市	0.09	0.09	0.10	0.05	1.06	0.52	−0.54
三门峡市	0.12	0.26	0.22	0.28	2.25	1.28	−0.97
南阳市	0.01	0.16	0.14	0.06	12.86	0.41	−12.45
商丘市	0.32	0.14	0.03	0.10	0.44	2.85	2.41

续表

| 地区 | 2005～2010 年 | | 2010～2015 年 | | 国土开发均衡度 | | 国土开发均衡度之差 |
	中心城区国土开发强度扩展率	非中心城区国土开发强度扩展率	中心城区国土开发强度扩展率	非中心城区国土开发强度扩展率	2005～2010 年	2010～2015 年	
信阳市	0.40	0.09	0.11	0.23	0.22	2.12	1.90
周口市	0.08	0.10	0.18	0.04	1.19	0.23	−0.96
驻马店市	0.22	0.10	0.24	0.11	0.46	0.45	−0.01

2010～2015 年，中原经济区大部分地市国土开发活动普遍转向远郊区县，国土开发均衡度大于 1 的地区有平顶山市、商丘市、邯郸市、洛阳市、新乡市、邢台市、信阳市、焦作市、长治市、三门峡市、安阳市、亳州市、晋城市 13 个城市，这些地区面积占中原经济区面积近一半；其中，平顶山市国土开发均衡度最大，为 3.06。继续以传统中心城区为开发重点（也即国土开发均衡度小于 1）的地级市仍有聊城市、郑州市、鹤壁市、阜阳市、宿州市、濮阳市等 16 个地级市。

1）邯郸市：相比 2005～2010 年的国土开发均衡度，邯郸市 2010～2015 年的国土开发均衡度有所上升，主要是临漳县等非中心城区 2010～2015 年国土开发强度扩展率相比中心城区大幅度增加，而中心城区国土开发强度扩展率有所下降。总体来说，2005～2015 年邯郸市整体国土开发布局趋于均衡。

2）邢台市：相比 2005～2010 年的国土开发均衡度，邢台市 2010～2015 年的国土开发均衡度有所上升，主要是临西县、威县等非中心城区 2010～2015 年国土开发强度扩展率相比中心城区大幅度增加，而中心城区国土开发强度扩展率下降 35%。总体来说，2005～2015 年邢台市整体国土开发布局趋于均衡。

3）长治市：相比 2005～2010 年的国土开发均衡度，长治市 2010～2015 年的国土开发均衡度有所下降，主要是 2010～2015 年长治市非中心城区国土开发强度扩展率相比 2005～2010 年大幅度降低，虽然中心城区 2010～2015 年的国土开发强度扩展率也相对降低，但相对非中心城区仍较高，大部分非中心城区 2010 ～ 2015 年国土开发强度扩展率相比前期降低了 100% 以上。总体来说，2005 ～ 2015 年长治市整体国土开发布局呈不均衡发展。

4）晋城市：相比 2005 ～ 2010 年的国土开发均衡度，晋城市 2010 ～ 2015 年的国土开发均衡度有所下降，主要是 2010 ～ 2015 年晋城市非中心城区国土开发强度扩展率相比 2005 ～ 2010 年大幅度降低，虽然中心城区 2010 ～ 2015 年的国土开发强度扩展率也相对降低，但相对非中心城区仍较高，非中心城区 2010 ～ 2015 年国土开发强度扩展率相比前期降低了 100% 以上。总体来说，2005 ～ 2015 年晋城市整体国土开发布局呈不均衡发展。

5）运城市：相比 2005 ～ 2010 年的国土开发均衡度，运城市 2010 ～ 2015 年的国土开发均衡度有所上升，主要是新绛县、河津市等非中心城区 2010 ～ 2015 年国土开发强度扩展率相比中心城区大幅度增加，虽然中心城区国土开发强度扩展率也呈增加状态，但相比非中心城区国土开发强度扩展率增速仍较低。总体来说，2005 ～ 2015 年运城市整体国土开发布局趋于均衡。

6）蚌埠市：相比 2005 ～ 2010 年的国土开发均衡度，蚌埠市 2010 ～ 2015 年的国土开发均衡度略有上升，但相差不大。2010 ～ 2015 年蚌埠市中心城区与非中心城区的国土开发强度扩展率相比 2005 ～ 2010 年均有所升高。总体来说，2005 ～ 2015 年蚌埠市整体国土开发布局正趋于均衡，但变化不明显。

7）淮北市：相比 2005 ～ 2010 年的国土开发均衡度，淮北市 2010 ～ 2015 年的国土开发均衡度略有上升，但相差不大。2010 ～ 2015 年淮北市中心城区与非中心城区的国土开发强度扩展率相比 2005 ～ 2010 年均有所升高。总体来说，2005 ～ 2015 年淮北市整体国土开发布局正趋于均衡，但变化不明显。

8）阜阳市：相比 2005 ～ 2010 年的国土开发均衡度，阜阳市 2010 ～ 2015 年的国土开发均衡度有所上升。2010 ～ 2015 年淮北市中心城区与非中心城区的国土开发强度扩展率相比 2005 ～ 2010 年均有所升高，但一些非中心城区扩展率更大，尤其是界首市，其国土开发强度扩展率达到 45%。总体来说，

2005～2015 年阜阳市整体国土开发布局正趋于均衡，但变化不明显。

9）宿州市：相比 2005～2010 年的国土开发均衡度，宿州市 2010～2015 年的国土开发均衡度有所上升，虽然 2010～2015 年，宿州市中心城区与非中心城区的国土开发强度扩展率均上升，但相对一些非中心城区，2010～2015 年宿州市中心城区国土开发强度扩展率相对较低。总体来说，2005～2015 年宿州市整体国土开发布局趋于均衡。

10）亳州市：相比 2005～2010 年的国土开发均衡度，亳州市 2010～2015 年的国土开发均衡度有所上升，2010～2015 年亳州市中心城区与非中心城区的国土开发强度扩展率相比 2005～2010 年均有所升高，但 2010～2015 年，亳州市非中心城区的国土开发强度扩展率相对更高。总体来说 2005～2015 年亳州市整体国土开发布局趋于均衡。

11）聊城市：相比 2005～2010 年的国土开发均衡度，聊城市 2010～2015 年的国土开发均衡度有所上升，2010～2015 年聊城市中心城区与非中心城区的国土开发强度扩展率相比 2005～2010 年均有所下降，但相比非中心城区，聊城市中心城区的国土开发强度扩展率降低量更多。但从国土开发均衡度来说，2005～2015 年聊城市整体国土开发布局趋于均衡。

12）菏泽市：相比 2005～2010 年的国土开发均衡度，菏泽市 2010～2015 年的国土开发均衡度有所下降，除曹县外，菏泽市其他地区 2010～2015 年国土开发强度扩展率相对减弱，即菏泽市的中心城区与非中心城区国土开发强度扩展率相比 2005～2010 年有所下降；非中心城区 2010～2015 年国土开发强度扩展率相比中心城区较小。总体来说，2005～2015 年菏泽市整体国土开发布局不均衡。

13）郑州市：相比 2005～2010 年的国土开发均衡度，郑州市 2010～2015 年的国土开发均衡度有所下降，相比 2005～2010 年，2010～2015 年郑州市各地区国土开发强度扩展率均有所下降，但非中心城区下降幅度更大，如巩义市、新密市、登封市，其下降幅度达 100% 以上。总体来说，2005～2015 年郑州市整体国土开发布局趋于不均衡发展状态。

14）开封市：相比 2005～2010 年的国土开发均衡度，开封市 2010～2015 年的国土开发均衡度有所下降，2010～2015 年开封市中心城区的国土开发强度扩展率相比 2005～2010 年均有所上升，但非中心城区中除杞县基本没变之外，开封市非中心城区的国土开发强度扩展率均下降。因此，从国土开发均衡度来说，2005～2015 年开封市整体国土开发布局趋于不均衡发展。

15）洛阳市：相比 2005～2010 年的国土开发均衡度，洛阳市 2010～2015 年的国土开发均衡度有所上升，2010～2015 年洛阳市中心城区与非中心城区的国土开发强度扩展率相比 2005～2010 年均有所下降，但相比非中心城区，洛阳市中心城区的国土开发强度扩展率降低量更多。因此，从国土开发均衡度来说，2005～2015 年洛阳市整体国土开发布局趋于均衡。

16）平顶山市：相比 2005～2010 年的国土开发均衡度，平顶山市 2010～2015 年的国土开发均衡度有大幅度上升，主要是由于平顶山市中心城区 2005～2010 年国土开发强度扩展率很高，但在 2010～2015 年，其国土开发强度扩展率大幅度减弱。虽然非中心城区的国土开发强度扩展率在 2010～2015 年也有略微下降，但也有地区国土开发强度扩展率增加，如舞钢市 2010～2015 年的国土开发强度扩展率增加了 50%。总体来说，2005～2015 年平顶山市整体国土开发布局趋于均衡。

17）安阳市：相比 2005～2010 年的国土开发均衡度，安阳市 2010～2015 年的国土开发均衡度略有上升，但相差不大。2010～2015 年安阳市中心城区文峰区、北关区等的国土开发强度扩展率相比 2005～2010 年均有所上升，非中心城区中除了林州市有略微下降，其余地区国土开发强度扩展率均有所升高，且相比中心城区，非中心城区的国土开发强度扩展率增加量更多。因此，从国土开发均衡度来说，2005～2015 年安阳市整体国土开发布局趋于均衡。

18）鹤壁市：相比 2005～2010 年的国土开发均衡度，鹤壁市 2010～2015

年的国土开发均衡度有大幅度下降，2010～2015 年鹤壁市中心城区与非中心城区国土开发强度扩展率相比 2005～2010 年均有所上升，而相比非中心城区，中心城区的国土开发强度扩展率增加量更多。因此，从国土开发均衡度来说，2005～2015 年鹤壁市整体国土开发布局趋于不均衡发展。

19）新乡市：相比 2005～2010 年的国土开发均衡度，新乡市 2010～2015 年的国土开发均衡度有大幅度上升，主要是非中心城区（除新乡市）2010～2015 年国土开发强度扩展率相比 2005～2010 年大幅度增加，而中心城区总体来说国土开发强度扩展率却有所降低。因此，从国土开发均衡度来说，2005～2015 年新乡市整体国土开发布局趋于均衡。

20）焦作市：相比 2005～2010 年的国土开发均衡度，焦作市 2010～2015 年的国土开发均衡度有所上升，2010～2015 年焦作市中心城区的国土开发强度扩展率相比 2005～2010 年有所下降，非中心城区除武陟县、孟州市两个城市，其国土开发强度扩展率在 2010～2015 年也有所下降，但总体来说，非中心城区 2010～2015 年国土开发强度扩展率比中心城区高。因此，从国土开发均衡度来说，2005～2015 年焦作市整体国土开发布局趋于均衡。

21）濮阳市：相比 2005～2010 年的国土开发均衡度，濮阳市 2010～2015 年的国土开发均衡度略有上升，但相差不大。2010～2015 年濮阳市中心城区与非中心城区（除南乐县）的国土开发强度扩展率相比 2005～2010 年均有所升高。总体来说，2005～2015 年濮阳市整体国土开发布局正趋于均衡，但变化不明显。

22）许昌市：相比 2005～2010 年的国土开发均衡度，许昌市 2010～2015 年的国土开发均衡度有所下降。主要原因是 2010～2015 年许昌市中心城区的国土开发强度扩展率相比 2005～2010 年均有所上升，但非中心城区中除了长葛市，其他地区 2010～2015 年的国土开发强度扩展率均比 2005～2010 年国土开发强度扩展率低。因此，从国土开发均衡度来说，2005～2015 年许昌市整体国土开发布局趋于不均衡发展。

23）漯河市：相比 2005～2010 年的国土开发均衡度，漯河市 2010～2015 年的国土开发均衡度有所下降。主要原因是 2010～2015 年漯河市中心城区的国土开发强度扩展率相比 2005～2010 年均有所上升，但非中心城区的国土开发强度扩展率却相比 2005～2010 年呈下降趋势。总体来说，2005～2015 年濮阳市整体国土开发布局趋于不均衡发展。

24）三门峡市：相比 2005～2010 年的国土开发均衡度，三门峡市 2010～2015 年的国土开发均衡度有所下降。2010～2015 年三门峡市中心城区的国土开发强度扩展率相比 2005～2010 年均有所上升，而非中心城中，除义马市与灵宝市外国土开发强度扩展率均下降。因此，从国土开发均衡度来说，2005～2015 年三门峡市整体国土开发布局趋于不均衡。

25）南阳市：相比 2005～2010 年的国土开发均衡度，南阳市 2010～2015 年的国土开发均衡度有大幅度下降。主要是由于 2010～2015 年南阳市中心城区的国土开发强度扩展率相比 2005～2010 年有大幅度上升，而非中心城区大部分地区 2010～2015 年的国土开发强度扩展率却下降。因此，从国土开发均衡度来说，2005～2015 年南阳市整体国土开发布局趋于不均衡。

26）商丘市：相比 2005～2010 年的国土开发均衡度，商丘市 2010～2015 年的国土开发均衡度有所上升，主要是由于商丘市中心城区 2010～2015 年国土开发强度扩展率大幅度下降，而部分非中心城区的国土开发强度扩展率也有下降，但下降幅度较小，且部分地区国土开发强度扩展率也呈增加态势。总体来说，2005～2015 年商丘市整体国土开发布局趋于均衡。

27）信阳市：相比 2005～2010 年的国土开发均衡度，信阳市 2010～2015 年的国土开发均衡度有所上升。2010～2015 年信阳市中心城区的国土开发强度扩展率相比 2005～2010 年有所下降。因此，从国土开发均衡度来说，2005～2015 年信阳市整体国土开发布局趋于均衡。

28）周口市：相比 2005～2010 年的国土开发均衡度，周口市 2010～2015

年的国土开发均衡度有所下降。2010～2015 年周口市中心城区国土开发强度扩展率相比 2005～2010 年有所升高，非中心城区国土开发强度扩展率有上升的地区也有下降的地区。因此，从国土开发均衡度来说，2005～2015 年周口市整体国土开发布局趋于不均衡发展。

29）驻马店市：相比 2005～2010 年的国土开发均衡度，驻马店市 2010～2015 年的国土开发均衡度略有下降，但相差不大。2010～2015 年驻马店市中心城区的国土开发强度扩展率相比 2005～2010 年有略微上升，非中心城区中，国土开发强度扩展率上升与下降的地区均有；总体来说非中心城区与中心城区的国土开发强度扩展率上升幅度相当。因此，从国土开发均衡度来说，2005～2015 年驻马店市整体国土开发布局虽趋于不均衡发展，但总体相差不大。

4.2　城市绿被

城市绿被是反映高强度国土开发区域（即城市）生态环境状况、人民宜居水平的基本要素。对城市绿被的监测评价，首先是对城市绿被面积、城市绿被率进行评价，而后深入到城市内部，对影响城市绿地服务居民休憩能力的关键因素——城市绿被空间分布的均匀性，进行评价。

4.2.1　城市绿被面积和城市绿被率

中原经济区各县（市、区）内城市绿被的空间分布、绿地总面积监测表明：2015 年郑州市、邯郸市、聊城市、菏泽市、邢台市、洛阳市、安阳市、平顶山市、新乡市、周口市等城市绿被面积较大，它们所辖各县（市、区）绿地总面积均在 100km² 以上，表明这些地区城市规划过程中重视城市绿被的建设；而晋城市、运城市、漯河市、蚌埠市、鹤壁市、濮阳市、开封市、信阳市、淮北市、亳州市、三门峡市等城市绿被面积较小，它们所辖各县（市、区）绿被总面积在 80km² 以下，说明这些地区城市绿化环境较差，在今后城市发展过程中应加强城市绿被的建设（表4-8）。

表 4-8　2005～2015 年中原经济区各地区城市绿被面积及其变化

地区	2005 年（km²）	2010 年（km²）	2015 年（km²）	变化斜率
邯郸市	87.09	205.22	236.85	14.977
邢台市	51.04	117.63	171.58	12.055
长治市	32.08	87.02	96.72	6.465
晋城市	17.27	41.57	39.61	2.233
运城市	28.81	54.52	50.86	2.205
蚌埠市	13.02	31.73	51.16	3.813
淮南市	—	—	—	—
淮北市	36.25	62.67	70.25	3.400
阜阳市	46.81	66.54	83.64	3.683
宿州市	26.25	71.37	84.61	5.837
亳州市	27.58	57.65	77.81	5.023
泰安市	—	—	—	—
聊城市	69.28	220.52	217.88	14.860
菏泽市	75.97	246.62	203.81	12.783
郑州市	152.69	274.33	323.55	17.086
开封市	35.22	60.71	65.09	2.987
洛阳市	90.21	108.83	148.41	5.820
平顶山市	51.06	90.50	130.92	7.986
安阳市	55.23	101.32	136.41	8.117
鹤壁市	18.12	37.72	52.06	3.394
新乡市	52.24	95.03	127.47	7.523
焦作市	51.93	102.94	88.84	3.691
濮阳市	43.77	62.77	57.69	1.392

地区	2005 年（km²）	2010 年（km²）	2015 年（km²）	变化斜率
许昌市	54.41	57.20	94.15	3.974
漯河市	28.80	43.41	47.70	1.890
三门峡市	13.64	44.33	44.14	3.050
南阳市	61.72	60.83	95.70	3.398
商丘市	57.69	99.38	95.93	3.825
信阳市	44.08	78.47	70.14	2.606
周口市	42.19	104.29	120.87	7.868
驻马店市	31.76	87.93	89.40	5.764
河南省	884.76	1510.00	1788.46	90.371
中原经济区	1396.21	2773.05	3173.24	177.703

2005 ～ 2015 年中原经济区大部分县（市、区）城市绿被面积变化呈现增加的态势，中原经济区郑州市、邯郸市、聊城市、邢台市、菏泽市等城市绿被面积增加较明显，每年增加绿地面积在 10km² 以上；而濮阳市、漯河市、运城市、晋城市、信阳市、开封市等城市绿被面积增加不明显，每年绿地面积增加均少于 3km²。

由于城市绿被面积的大小与城市建成区面积直接相关，因此对城市绿被面积大小的监测评价不可避免地受到建成区面积大小尺度上的影响。为了避免上述尺度影响，城市绿被覆盖监测评价应当主要以城市绿被率为主。各地区城市绿被率见表 4-9。

表 4-9　2005 ～ 2015 年中原经济区各地区城市绿被率及变化情况

地区	2005 年（%）	2010 年（%）	2015 年（%）	变化斜率
邯郸市	36.22	44.52	46.28	0.010
邢台市	31.83	40.32	47.58	1.395
长治市	38.81	37.11	39.10	0.012

地区	2005 年（%）	2010 年（%）	2015 年（%）	变化斜率
晋城市	34.96	39.95	36.94	−2.014
运城市	22.89	36.99	29.65	2.794
蚌埠市	22.08	38.71	36.11	1.167
淮南市	—	—	—	—
淮北市	40.78	46.97	41.06	0.255
阜阳市	35.70	39.39	37.88	0.441
宿州市	22.47	47.58	40.35	6.915
亳州市	27.12	39.94	36.52	0.513
泰安市	—	—	—	—
聊城市	35.71	57.96	50.56	1.702
菏泽市	38.64	48.56	37.18	0.368
郑州市	32.70	43.57	48.83	0.106
开封市	27.86	38.89	37.72	0.671
洛阳市	38.40	30.09	38.67	−0.451
平顶山市	25.70	36.69	48.00	0.080
安阳市	30.70	42.08	40.92	0.456
鹤壁市	29.89	47.57	48.26	1.650
新乡市	24.33	34.12	42.47	0.787
焦作市	31.37	46.83	42.25	0.628
濮阳市	39.12	47.08	40.97	0.453
许昌市	38.95	35.71	51.20	−0.939
漯河市	34.54	42.91	46.06	0.406
三门峡市	18.71	43.31	40.17	2.084
南阳市	32.30	25.80	31.99	−0.173
商丘市	32.11	41.77	36.07	−1.231

地区	2005 年（%）	2010 年（%）	2015 年（%）	变化斜率
信阳市	32.94	40.81	33.59	0.846
周口市	20.97	48.10	43.53	2.283
驻马店市	23.87	47.84	37.89	0.799
河南省	30.44	40.07	41.87	1.423
中原经济区	31.21	42.08	41.56	1.035

城市绿被率的高低与地区经济社会发展水平、城市治理能力有着明显关系。经济社会发展水平越高、城市治理能力越强，城市绿被率越高。

例如，许昌市、聊城市、郑州市、鹤壁市、平顶山市、邢台市、邯郸市、漯河市等城市，其 2015 年城市绿被率均在 45% 以上。而运城市、南阳市、信阳市、商丘市、蚌埠市、亳州市、晋城市、菏泽市、开封市、阜阳市、驻马店市、洛阳市、长治市等城市，其城市绿被率则较低，均在 40% 以下。

2005 ～ 2015 年，从中原经济区整体上来看，2005 年城市绿被率为31.21%，2010 年增加至 42.08%，到 2015 年又降低至 41.56%，相比于 2005 年城市绿被率降低了 10.35 个百分点。河南省作为中原经济区的主要省份，2005 年城市绿被率为 30.44%，到 2010 年增加至 40.07%，到 2015 年又降低至 41.87%。

2005 ～ 2015 年，中原经济区晋城市、商丘市、许昌市、洛阳市、南阳市等地区城市绿被率降低明显；而宿州市、运城市、周口市、三门峡市等地区城市绿被率上升较快。

4.2.2　城市绿化均匀度

城市绿被空间分布是否合理，不仅直接影响城市居民享受公共绿地的可能性，同时也会影响城市景观和城市生态服务功能。

2005～2015年，中原经济区各县（市、区）内部的城市绿化均匀度见表4-10。

表4-10   2005～2015年中原经济区各地区城市绿化均匀度及其变化

地区	城市绿化均匀度			变化斜率
	2005 年	2010 年	2015 年	
邯郸市	0.569	0.624	0.633	0.006
邢台市	0.540	0.605	0.647	0.011
长治市	0.585	0.582	0.599	0.001
晋城市	0.559	0.604	0.583	0.002
运城市	0.452	0.567	0.526	0.007
蚌埠市	0.458	0.583	0.569	0.011
淮南市	—	—	—	—
淮北市	0.599	0.640	0.608	0.001
阜阳市	0.562	0.587	0.575	0.001
宿州市	0.459	0.641	0.599	0.014
亳州市	0.488	0.593	0.564	0.008
泰安市	—	—	—	—
聊城市	0.568	0.710	0.661	0.009
菏泽市	0.588	0.649	0.569	−0.002
郑州市	0.543	0.617	0.656	0.011
开封市	0.509	0.584	0.575	0.007
洛阳市	0.586	0.525	0.584	0.000
平顶山市	0.491	0.575	0.648	0.016
安阳市	0.525	0.606	0.600	0.008
鹤壁市	0.528	0.640	0.656	0.013
新乡市	0.468	0.548	0.609	0.014
焦作市	0.535	0.639	0.607	0.007

续表

地区	城市绿化均匀度			变化斜率
	2005 年	2010 年	2015 年	
濮阳市	0.594	0.649	0.601	0.001
许昌市	0.587	0.569	0.668	0.008
漯河市	0.545	0.611	0.633	0.009
三门峡市	0.420	0.619	0.606	0.019
南阳市	0.533	0.477	0.530	0.000
商丘市	0.543	0.604	0.569	0.003
信阳市	0.543	0.610	0.554	0.001
周口市	0.447	0.652	0.627	0.018
驻马店市	0.471	0.647	0.585	0.011
河南省	0.526	0.581	0.594	0.007
中原经济区	0.529	0.598	0.598	0.007

中原经济区各县（市、区）城市绿化均匀度空间分布格局规律不是太明显。

2015 年，许昌市、聊城市、郑州市、鹤壁市、平顶山市、邢台市、邯郸市、漯河市、周口市、淮北市、焦作市、三门峡市、濮阳市、新乡市等城市绿化均匀度较高，各城市绿化均匀度均在 0.6 之上。而运城市、南阳市、信阳市、亳州市、商丘市、菏泽市、蚌埠市等城市绿化均匀度较低，均在 0.57 以下。

从整体上来看，2005 ～ 2015 年中原经济区城市绿化均匀度变化不大，2005 年中原经济区整体城市绿化均匀度为 0.529，到 2010 年增加至 0.598，2015 年仍为 0.598，城市绿化均匀度增加了 0.069。

三门峡市、周口市、平顶山市、宿州市、新乡市等地区城市绿化均匀度增加较快，而菏泽市城市绿化均匀度则出现了降低态势，南阳市、洛阳市等地区的城市绿化均匀度则基本没有改变。

4.2.3 重点城市城市绿被率和城市绿化均匀度

城市绿被集中分布在城市建成区内，在区域尺度上的空间制图及统计分析，无法直观展示出 2005 年以来各城市绿被在具体位置、分布适宜性上的变化，因此，有必要深入到重点城市内部，分别就城市绿被的空间分布、城市绿被率及城市绿化均匀度等，开展深入分析。

1. 郑州市

根据河南省郑州市城市绿被的空间分布、公里网格的绿地面积占比等信息可知（表 4-11）：从空间上来看，2005 ~ 2015 年郑州市地区绿被面积整体上呈现增长的趋势，其中中原区最高，到 2015 年，为 49.84km²，惠济区最低，到 2015 年仅为 1.73km²。从整体上来看，郑州市绿被面积逐渐增大，2005 年为 152.69km²，到 2015 年增加至 323.55km²（表 4-11）。

表 4-11 郑州市各县（市、区）绿被面积

地区	2005 年（km²）	2010 年（km²）	2015 年（km²）	变化斜率
中原区	27.61	53.09	49.84	2.223
二七区	8.45	23.74	33.83	2.537
管城回族区	15.73	39.00	48.47	3.275
金水区	21.67	40.91	44.91	2.324
上街区	21.67	10.92	11.21	−1.047
惠济区	4.71	4.28	1.73	−0.298
中牟县	13.38	19.68	17.79	0.441
巩义市	12.33	30.52	38.67	2.634
荥阳市	6.27	13.29	15.77	0.950
新密市	10.27	9.54	18.36	0.809

续表

地区	2005 年（km²）	2010 年（km²）	2015 年（km²）	变化斜率
新郑市	6.40	24.59	34.32	2.791
登封市	4.19	4.78	8.66	0.447
郑州市	152.69	274.33	323.55	17.086

从 2005～2015 年郑州市城区 1km 网格城市绿化均匀度空间分布可以看出（表4-12），2005～2015 年郑州市城市绿化均匀度逐渐升高，表明郑州市城市绿被空间分布越来越均匀，布局更合理。其空间分布为中心城区低，四周高，在中心城区内部，2010 年东南部的管城回族区和二七区城市绿化均匀度较低，到 2015 年西北部的金水区和惠济区城市绿化均匀度较低。

表 4-12 郑州市各县（市、区）城市绿化均匀度

地区	2005 年	2010 年	2015 年	变化斜率
中原区	0.572	0.642	0.614	0.004
二七区	0.476	0.563	0.666	0.019
管城回族区	0.508	0.552	0.612	0.010
金水区	0.451	0.575	0.574	0.012
上街区	0.400	0.628	0.637	0.024
惠济区	0.616	0.652	0.427	−0.019
中牟县	0.746	0.756	0.695	−0.005
巩义市	0.592	0.700	0.778	0.019
荥阳市	0.563	0.645	0.692	0.013
新密市	0.606	0.563	0.775	0.017
新郑市	0.613	0.692	0.780	0.017
登封市	0.519	0.523	0.687	0.017
郑州市	0.543	0.617	0.656	0.011

从表 4-12 可以看出，2005～2015 年郑州市地区城市绿化均匀度整体上呈现增长的趋势，其中新郑市最高，到 2015 年，为 0.780，惠济区最低，到 2015 年仅为 0.427。从整体上来看，郑州市城市绿化均匀度逐渐增大，2005 年为 0.543，到 2015 年增加至 0.656。

2. 开封市

从表 4-13 河南省开封市城市绿被面积可以看出，2005～2015 年开封市城市绿被面积整体上呈现增长的趋势，其中，金明区最高，到 2015 年为 30.56km²，祥符区最低，到 2015 年仅为 0.62km²。从整体上来看，开封市城市绿被面积逐渐增大，2005 年为 35.22km²，到 2015 年增加至 65.09km²。

表 4-13　开封市各县（市、区）城市绿被面积

地区	2005 年（km²）	2010 年（km²）	2015 年（km²）	变化斜率
龙亭区	1.46	2.05	3.95	0.249
顺河回族区	3.40	2.57	3.15	−0.026
鼓楼区	1.09	1.00	3.29	0.220
禹王台区	3.00	3.66	4.60	0.161
金明区	15.19	26.79	30.56	1.536
杞县	1.67	5.35	2.32	0.065
通许县	2.51	2.40	1.25	−0.126
尉氏县	3.08	4.82	13.04	0.996
祥符区	1.25	4.73	0.62	−0.063
兰考县	2.56	7.35	2.31	−0.025
开封市	35.22	60.71	65.09	2.987

从表 4-14 可以看出，2005～2015 年开封市城市绿化均匀度先增加后降低，2005 年城市绿化均匀度为 0.509，到 2010 年升高至 0.584，到 2015 年又降低至

0.575。从县（市、区）上看，尉氏县城市绿化均匀度最高，到 2015 年为 0.785，祥符区城市绿化均匀度最低，到 2015 年仅为 0.247。

表 4-14　开封市各县（市、区）城市绿化均匀度

地区	2005 年	2010 年	2015 年	变化斜率
龙亭区	0.479	0.542	0.735	0.026
顺河回族区	0.473	0.384	0.425	−0.005
鼓楼区	0.345	0.293	0.535	0.019
禹王台区	0.501	0.532	0.587	0.009
金明区	0.619	0.731	0.736	0.012
杞县	0.395	0.595	0.357	−0.004
通许县	0.526	0.495	0.337	−0.019
尉氏县	0.528	0.500	0.785	0.026
祥符区	0.406	0.643	0.247	−0.016
兰考县	0.464	0.565	0.303	−0.016
开封市	0.509	0.584	0.575	0.007

3. 洛阳市

从表 4-15 洛阳市城市绿被面积可以看出，2005 ～ 2015 年洛阳市城市绿被面积整体上呈现增长的趋势，其中，洛龙区最高，到 2015 年为 42.2km²，汝阳县最低，到 2015 年仅为 1.32km²。整体上来看，洛阳市城市绿被面积逐渐增大，2005年为 90.21km²，到 2015 年增加至 148.41km²。

表 4-15　洛阳市各县（市、区）城市绿被面积

地区	2005 年（km²）	2010 年（km²）	2015 年（km²）	变化斜率
老城区	5.56	8.51	6.66	0.110
西工区	5.34	6.80	6.47	0.113
瀍河回族区	7.59	7.38	6.80	−0.079
涧西区	14.06	11.77	14.80	0.073

续表

地区	2005 年（km²）	2010 年（km²）	2015 年（km²）	变化斜率
吉利区	14.06	6.04	11.14	−0.292
洛龙区	13.17	31.34	42.20	2.903
孟津县	2.95	8.94	12.65	0.970
新安县	3.71	6.11	12.41	0.870
栾川县	2.69	2.41	4.23	0.153
嵩县	2.69	0.66	2.18	−0.051
汝阳县	1.51	0.80	1.32	−0.020
宜阳县	3.47	4.29	6.88	0.341
洛宁县	2.30	2.11	1.70	−0.060
伊川县	4.28	3.89	6.24	0.196
偃师市	6.81	7.78	12.73	0.592
洛阳市	90.21	108.83	148.41	5.820

从表 4-16 可以看出，2005～2015 年洛阳市城市绿化均匀度先降低后增加，2005 年洛阳市城市绿化均匀度为 0.586，到 2010 年降低至 0.525，到 2015 年又升高至 0.584。从县（市、区）上看，吉利区城市绿化均匀度最高，到 2015 年为 0.834，洛宁县最低，到 2015 年仅为 0.441。

表 4-16　洛阳市各县（市、区）城市绿化均匀度

地区	2005 年	2010 年	2015 年	变化斜率
老城区	0.564	0.545	0.476	−0.009
西工区	0.491	0.475	0.445	−0.005
瀍河回族区	0.681	0.599	0.570	−0.011
涧西区	0.558	0.479	0.522	−0.004
吉利区	0.500	0.622	0.834	0.033

地区	2005 年	2010 年	2015 年	变化斜率
洛龙区	0.563	0.581	0.656	0.009
孟津县	0.632	0.590	0.666	0.003
新安县	0.611	0.473	0.622	0.001
栾川县	0.610	0.421	0.536	−0.007
嵩县	0.706	0.360	0.612	−0.009
汝阳县	0.646	0.455	0.541	−0.011
宜阳县	0.630	0.523	0.625	−0.001
洛宁县	0.670	0.496	0.441	−0.023
伊川县	0.567	0.474	0.539	−0.003
偃师市	0.621	0.511	0.634	0.001
洛阳市	0.586	0.525	0.584	0.000

4.2.4　小结

城市绿被面积和城市建成区面积直接相关，2005～2015 年，郑州市城市绿被面积最大，邯郸市、聊城市、菏泽市、邢台市、洛阳市、平顶山市、安阳市等地区城市绿被面积较大，其他地区城市绿被面积较小。2005～2015 年，中原经济区城市绿被面积呈现增加的趋势，其中邯郸市、邢台市、聊城市、菏泽市、郑州市城市绿被面积增加较多，濮阳市、漯河市、晋城市、运城市、开封市、信阳市等地区城市绿被面积增加较少。

城市绿被率高低与地区经济社会发展水平、城市治理能力有着明显关系。2005～2015 年，中原经济区大部分地区城市绿被率呈现增加的趋势，其中宿州市、运城市、三门峡市、周口市城市绿被率增加最快，晋城市、洛阳市、许昌市、商丘市、南阳市 5 个地区城市绿被率呈现降低的趋势。

中原经济区各县（市、区）城市绿化均匀度空间分布格局规律不是太明显。其中，总的来说河南省大部分地区城市绿化均匀度较高，其他地区城市绿化均匀度略低，从整体上来看，2005～2015 年中原经济区城市绿化均匀度变化不大，整体城市绿化均匀度呈现增加的趋势。其中，三门峡市、周口市、平顶山市、新乡市、宿州市等地区城市绿化均匀度增加最快，而菏泽市城市绿化均匀度则出现了降低态势，南阳市、洛阳市等地区的城市绿化均匀度则基本没有改变。

对于郑州市来说：全市城市绿被面积逐渐增大，2005 年为 152.69km^2，到 2015 年增加至 323.55km^2。城市绿被率由 32.7% 增加至 48.8%，城市绿被布局越来越均匀，布局更合理。

4.3 城市热岛

城市热岛，是反映高强度国土开发区域（即城市）人民宜居水平的另一项重要指标[28]。与城市绿地研究相似，对城市热岛的研究，必须深入城市建成区内部，对不同年份的城市热岛强度、城市热岛区域的面积予以监测、评价。

4.3.1 郑州市

1. 城市热岛强度

经降尺度运算后，得到郑州市 2005 年、2010 年和 2015 年夏季白天的地表温度（LST）。

监测表明，2005 年夏季，郑州市全区域平均温度为 28.06℃，其中郊区农田平均温度为 27.96℃，区域最高温为 36.86℃；2010 年夏季，郑州市全区域平均温度为 28.03℃，其中郊区农田平均温度为 28.01℃，区域最高温度为 38.19℃；2015 年夏季，郑州市全区域平均温度为 28.63℃，其中郊区农田平均温度为

28.29℃，区域最高温为 36.93℃。总的来看，3 个时段，区域最高温度、全区域平均温度、郊区农田平均温度均有轻微波动，变化幅度不大（表 4-17）。

表 4-17 郑州市 2005 年、2010 年、2015 年城市地表温度状况 （单位：℃）

城市 LST	2005 年	2010 年	2015 年
区域最高温度	36.86	38.19	36.93
最低值	23.40	21.67	22.07
全区域平均温度	28.06	28.03	28.63
郊区农田平均温度	27.96	28.01	28.29

2005～2015 年，郑州市各县（市、区）建成区城市热岛强度见表 4-18。

表 4-18 郑州市 2005 年、2010 年、2015 年各县（市、区）城市热岛强度及其变化
（单位：℃）

地区	城市热岛强度			城市热岛强度变化（2005～2015 年）
	2005 年	2010 年	2015 年	
中原区	3.89	4.50	4.59	0.70
二七区	4.53	3.37	4.31	−0.22
管城回族区	4.09	3.81	5.24	1.15
金水区	4.13	5.22	4.90	0.77
上街区	—	4.03	4.48	—
惠济区	3.90	5.76	5.46	1.56
中牟县	1.94	2.25	3.92	1.98
巩义市	2.56	2.10	3.41	0.86
荥阳市	2.89	3.02	3.54	0.64
新密市	2.50	2.44	3.73	1.23
新郑市	2.18	1.86	3.37	1.19
登封市	2.35	1.35	3.50	1.14

注：2005 年上街区无城市建设用地数据，故无法计算城市热岛强度。

2005 年，郑州市中心城区中二七区、管城回族区和金水区城市热岛强度较高，均大于 4℃；传统的郊区县（中牟县、巩义市、荥阳市、新密市、新郑市、登封市）城市热岛强度相对较低，均在 3℃以下；城市热岛强度最低的为中牟县（1.94℃）。

2010 年，郑州市中心城区中金水区和惠济区城市热岛强度增强，均达到 5℃以上。其中，惠济区城市热岛强度最高，为 5.76℃。城市热岛强度最低的为登封市，为 1.35℃。

2015 年，中心城区的城市热岛强度依然相对较高，均为 4℃以上，依然是惠济区城市热岛强度最高，为 5.46℃。新郑市的城市热岛强度最弱，但也达到了 3.37℃。

总体上看，2005～2015 年，郑州市各县（市、区）城市热岛强度变化处于增强趋势，上升幅度最高的为中牟县。城市热岛强度降低的为二七区，有轻微减弱趋势。

2. 城市热岛分级

通过城市热岛分级的方法，可以得到全市不同温度区域的空间分布，由此统计得到城市热岛的转移和扩展规律。

2005～2015 年，郑州市弱热岛区域在减少（22.51%），其余热岛类型均在增加，其中极强热岛区域增幅最小（0.38%）。强热岛区域进一步向中心城区四周扩展，中心城区内部的热岛相较于 2010 年有所缓解，但总体上仍然是城市热岛强度增强、面积增大趋势。周边远郊区县中心出现弱热岛（表 4-19）。

表 4-19　郑州市 2005 年、2010 年、2015 年不同城市热岛面积占比及变化

（单位：%）

级别	城市热岛强度	2005 年	2010 年	2015 年	城市热岛面积变化（2005～2015 年）
无热岛	<0	30.16	33.14	40.34	10.17
弱热岛	0～2	65.29	60.94	42.78	−22.51

续表

级别	城市热岛强度	2005 年	2010 年	2015 年	城市热岛面积变化 （2005～2015 年）
中热岛	2～4	3.49	3.29	12.57	9.08
强热岛	4～6	1.05	1.88	3.93	2.88
极强热岛	>6	0.01	0.75	0.39	0.38

具体到各县（市、区）（表 4-20），可以发现，除了登封市，其余县（市、区）的中热岛、强热岛或极强热岛面积均有不同程度上升。中心城区内，极强热岛面积占比增加最多的为中原区（7.25%），其次为二七区（1.87%）。

表 4-20 郑州市各县（市、区）2005～2015 年不同城市热岛面积占比变化（单位：%）

地区	无热岛	弱热岛	中热岛	强热岛	极强热岛
中原区	-2.26	-34.60	3.33	26.28	7.25
二七区	1.94	-45.67	21.03	20.83	1.87
管城回族区	21.60	-41.67	11.14	7.44	1.49
金水区	21.39	-12.62	-3.27	-5.50	0.00
上街区	8.54	-1.14	-8.15	0.71	0.03
惠济区	37.83	-34.64	-3.82	0.62	0.01
中牟县	6.85	-16.40	8.98	0.57	0.00
巩义市	10.50	-14.28	3.02	0.76	0.01
荥阳市	-1.75	-15.22	16.17	0.80	0.00
新密市	23.65	-28.79	4.94	0.21	0.00
新郑市	6.24	-24.22	17.17	0.80	0.00
登封市	19.41	-25.41	5.86	0.16	-0.03
总计	10.17	-22.51	9.08	2.88	0.38

3. 小结

2005～2015 年，郑州市城市热岛强度增强（上升幅度不超过 2℃），同时热岛区域面积有所增加。强热岛区域分布范围与建成区的分布基本一致，强热岛区域向东北方向存在明显偏移与扩张，这与郑州市中心城市建成区扩展趋势基本相同^[29, 30]。全市各县（市、区）零星分布有强热岛。强热岛区域大多为工厂房（住宅区）密集或铁路中心枢纽地区，这些地方周围植被和水域覆盖极少。强热岛区域与郑州市的中心城区建成区的范围相当，弱热岛区域主要分布在惠济区的大部分水域和耕地区域、中原区的西部及金水区的东部耕地区域，这些区域恰好属于郑州市的近郊区。

2015 年中心城区的管城回族区、惠济区的城市热岛强度较强，均大于 5℃；新郑市的城市热岛强度最弱，但 2015 年也达到了 3.37℃。

4.3.2　开封市

1. 城市热岛强度

经降尺度运算后，得到开封市 2005 年、2010 年和 2015 年夏季白天的地表温度。

监测表明，2005 年夏季，开封市全区域平均温度为 27.42℃，其中郊区的平均温度为 27.39℃，区域最高温度为 33.32℃；2010 年夏季，开封市全区域平均温度为 28.07℃，其中郊区农田平均温度为 28.08℃，区域最高温度为 37.30℃；2015 年夏季，开封市全区域平均温度为 28.92℃，其中郊区农田平均温度为 28.90℃，区域最高温为 36.93℃。总的来看，3 个时段，2015 年开封市各项地表温度均有轻微上升趋势，呈变暖趋势（表 4-21）。

表 4-21　开封市 2005 年、2010 年、2015 年地表温度状况　　　（单位：℃）

LST	2005 年	2010 年	2015 年
区域最高温度	33.32	37.30	36.93
最低值	24.98	26.43	26.32
全区域平均温度	27.42	28.07	28.92
郊区农田平均温度	27.39	28.08	28.90

2005～2015 年，各个县（市、区）建成区城市热岛强度见表 4-22。

表 4-22　开封市 2005 年、2010 年、2015 年各县（市、区）
城市热岛强度及其变化　　　（单位：℃）

地区	城市热岛强度			热岛强度变化（2005～2015 年）
	2005 年	2010 年	2015 年	
龙亭区	3.23	2.42	3.75	0.52
顺河回族区	3.55	4.42	4.45	0.90
鼓楼区	4.18	5.12	4.85	0.67
禹王台区	3.25	3.55	4.12	0.88
金明区	2.19	2.44	3.10	0.90
杞县	2.24	1.86	2.46	0.21
通许县	1.81	1.50	0.91	-0.90
尉氏县	2.01	2.04	2.88	0.87
祥符区	2.09	2.26	3.08	0.99
兰考县	1.86	1.96	2.81	0.95

2005 年，开封市中心城区中鼓楼区城市热岛强度较高，为 4.18℃；城市热岛强度最低的为通许县，为 1.81℃。

2010 年，开封市各县（市、区）城市热岛强度大多进一步提升增强，鼓楼区依然保持最高的城市热岛强度，为 5.12℃；城市热岛强度最低的仍然为通许县，为 1.50℃。

2015 年，中心城区的城市热岛强度依然最高，依然是鼓楼区为首（4.85℃）；通许县的城市热岛强度依然最弱（0.91℃）。

总体上看，2005～2015 年，开封市中心城区城市热岛强度进一步缓慢增强，增幅最高的为祥符区 0.99℃，通许县的城市热岛强度下降了 0.9℃。

2. 城市热岛分级

通过城市热岛分级的方法，可以得到全市不同温度区域的空间分布，由此统计得到城市热岛的转移和扩展规律（表4-23）。

表4-23　开封市2005年、2010年、2015年不同城市热岛面积占比及变化

（单位：%）

级别	分级	2005年	2010年	2015年	2005～2015年变化
无热岛	<0	20.84	23.42	29.11	8.26
弱热岛	0～3	77.11	72.70	62.72	−14.38
中热岛	3～5	1.76	2.85	7.47	5.70
强热岛	5～7	0.22	0.90	0.65	0.43
极强热岛	>7	0.07	0.13	0.05	−0.02

2005～2015年，开封市弱热岛和极强热岛的面积均在减少（表4-23），而无热岛、中热岛和强热岛区域均在不同程度增加。其中，极强热岛区域减幅最小（减少0.02%），弱热岛区域变化幅度最大（减少14.38%）。中心城区热岛区域进一步向四周扩张。

具体到各县（市、区）（表4-24），可以发现，从2005～2015年，中心城区中龙亭区、鼓楼区、禹王台区和金明区的极强热岛区域在减少，即两头向中间（强热岛区域）转化。其余县（市、区）大多为由低等级热岛区域向更高等级热岛转化。缓解最为明显的县（市、区）为鼓楼区，极强热岛区域减少11.94%，顺河回族区的热环境有所恶化，极强热岛区域增加了4.93%。

表4-24　开封市各县（市、区）2005～2015年不同城市热岛面积占比变化

（单位：%）

地区	无热岛	弱热岛	中热岛	强热岛	极强热岛
龙亭区	−1.67	−1.96	−15.77	20.28	−0.89
顺河回族区	−0.06	−4.91	−18.83	18.88	4.93
鼓楼区	−1.16	−1.49	−11.07	25.67	−11.94
禹王台区	−0.36	−7.38	−46.21	56.92	−2.97
金明区	−12.96	−7.73	19.35	1.43	−0.08

地区	无热岛	弱热岛	中热岛	强热岛	极强热岛
杞县	31.45	−33.24	1.57	0.22	0.00
通许县	39.85	−39.54	−0.30	0.00	0.00
尉氏县	6.15	−16.61	10.24	0.21	0.01
祥符区	−14.19	5.98	8.16	0.05	0.00
兰考县	−1.89	−1.11	2.87	0.14	0.00
开封市	8.26	−14.38	5.70	0.43	−0.02

3. 小结

2005 ～ 2015 年，开封市各县（市、区）热岛强度在缓慢上升，上升幅度均不超过 1℃，但同时极强热岛区域面积有所减少。强热岛分布区域与开封市的中心城区建成区的范围相当，弱热岛分布区域主要分布在金明区北部水域和耕地区域。这些区域大多为黄河冲积平原的耕地。热岛主要分布于中心城区内。

城市热岛强度最高的为鼓楼区（2015 年为 4.85℃）；通许县的城市热岛强度最弱（2015 年为 0.91℃）。

中心城区中的 4 区（龙亭区、鼓楼区、禹王台区和金明区）热环境有所改善，极强热岛面积均呈现减小趋势，表明开封市城市绿化建设对中心城区的城市热岛效应具有一定的缓解作用。但总体上，4 区的城市热岛强度有轻微的增强。

4.4 耕地保护

耕地保护是保障和提高粮食综合生产能力的前提。对耕地保护的评价，一方面是在全区尺度，根据《全国主体功能区规划》及相关省市的主体功能区规划目标进行数量上的评价；另一方面则是要在农产品主产区 [31, 32] 对区域内耕地的数量和空间分布进行评价。

需要说明的是由于《全国主体功能区规划》及各省市制定主体功能区规划时，对于耕地数量规划目标的制定，依据的是国土部门提供的各县市汇总上报的台账数据，与本书所采用的卫星遥感解译数据统计渠道不同，成果完全不具可比性。因此，本书将不对耕地的具体数量进行对比，而是从时间序列上，对农产品主产区内的耕地数量变化进行监测评价。

4.4.1 耕地面积动态变化

1. 各省耕地面积

由中原经济区各区（县、市）中耕地的总面积统计可知，2015 年，中原经济区全区耕地总面积为 182 340.4km^2。与 2005 年相比（191 055.0km^2），全区耕地面积减少 8714.6km^2，即减少了 4.6%（表 4-25）。

表 4-25　2005～2015 年中原经济区耕地面积统计表　　（单位：km^2）

区域	总面积	耕地面积		
		2005 年	2010 年	2015 年
重点开发区	72 480.98	51 964.72	50 671.72	48 552.54
农产品主产区	164 560.07	120 088.90	119 419.40	116 199.10
重点生态功能区	51 732.19	19 001.38	17 910.62	17 588.76
中原经济区	288 773.25	191 055.00	188 001.74	182 340.40

河北省：2015 年耕地总面积为 16 083.3km^2。与 2005 年相比（17 489.47km^2），耕地面积减少 1406.17km^2，即减少了 8.0%。

山西省：2015 年耕地总面积为 17 283.54km^2。与 2005 年相比（18 365.16km^2），耕地面积减少 1081.62km^2，即减少了 5.9%。

安徽省：2015 年耕地总面积为 29 134.96km^2。与 2005 年相比（31 181.38km^2），

耕地面积减少 2046.42km²，即减少了 6.6%。

山东省：2015 年耕地总面积为 16 695.77km²。与 2005 年相比（17 105.11km²），耕地面积减少 409.77km²，即减少了 2.4%。

河南省：2015 年耕地总面积为 103 143.2km²。与 2005 年相比（106 913.87km²），耕地面积减少 3770.67km²，即减少了 3.5%。2015 年，河南省的耕地保有量比《河南省主体功能区规划》设定的目标（78 980.0km²）高 24 163.2km²。

2. 各主体功能区内耕地面积

总的来看，2005 ~ 2015 年中原经济区耕地面积减少量从大到小排序依次为农产品主产区（3889.80km²）、重点开发区（3412.18km²）、重点生态功能区（1412.62km²）（图 4-5）。

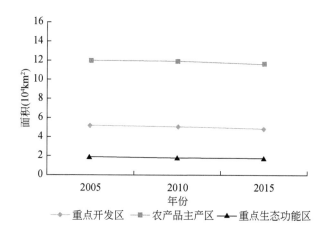

图 4-5　2005 ~ 2015 年中原经济区耕地面积变化图

由表 4-26 与图 4-6 可知，重点开发区和农产品主产区耕地面积减少量大致相等，重点开发区和农产品主产区耕地面积减少量分别是重点生态功能区耕地面积减少量的 2.42 倍和 2.75 倍左右；这表明耕地减少的地区主要集中在重点开发区和农产品主产区，其流失耕地占全区流失耕地的 83.79%，重点生态功能区占

16.21%。农产品主产区的耕地没有得到严格保护，与国家主体功能区规划目标不吻合。

表 4-26　中原经济区各主体功能区耕地面积变化统计表

区域	项目	2005～2010 年	2010～2015 年	2005～2015 年
重点开发区	变化面积（km²）	−1293.00	−2119.18	−3412.18
	变化率（%）	−2.49	−4.18	−6.57
	年变化率（%）	−0.50	−0.84	−0.66
农产品主产区	变化面积（km²）	−669.50	−3220.3	−3889.80
	变化率（%）	−0.56	−2.70	−3.24
	年变化率（%）	−0.11	−0.54	−0.32
重点生态功能区	变化面积（km²）	−1090.76	−321.86	−1412.62
	变化率（%）	−5.74	−1.80	−7.43
	年变化率（%）	−1.15	−0.36	−0.74
中原经济区	变化面积（km²）	−3053.26	−5661.34	−8714.60
	变化率（%）	−1.60	−3.01	−4.56
	年变化率（%）	−0.32	−0.60	−0.46

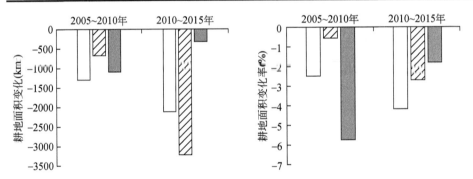

(a)面积变化　　　　　　　　　　(b)面积变化率

图 4-6　中原经济区各主体功能区耕地面积变化图

此外，2005～2015 年，重点开发、农产品主产区和重点生态功能区 3 类主体功能区中，2010～2015 年耕地面积萎缩量分别是前 5 年耕地面积萎缩量的 1.64 倍、4.81 倍、0.3 倍。表明自主体功能区规划实施以来，重点生态功能区耕地面积呈现减速萎缩的趋势，重点开发区和农产品主产区耕地面积呈现加速萎缩的趋势，耕地面积减少没有得到有效遏制。

针对河南省耕地面积进行分析（表 4-27），结论如下。

表 4-27　中原经济区各省份内各主体功能区类型耕地面积统计表

地区	主体功能区	2005 年（km²）	2010 年（km²）	2015 年（km²）	变化量（km²）	变化斜率（%）
安徽省	农产品主产区	24 661.41	24 453.52	23 200.20	−1 461.21	−5.93
	重点开发区	6 519.97	6 388.61	5 934.76	−585.21	−8.98
河北省	农产品主产区	11 144.74	10 755.35	10 452.17	−692.57	−6.21
	重点开发区	4 694.62	4 213.19	4 065.95	−628.66	−13.39
	重点生态功能区	1 650.11	1 548.68	1 565.18	−84.94	−5.15
河南省	农产品主产区	62 273.79	62 519.20	61 049.20	−1 224.58	−1.97
	重点开发区	32 115.62	31 728.29	30 429.44	−1 686.18	−5.25
	重点生态功能区	12 524.46	11 959.00	11 664.60	−859.85	−6.87
山东省	农产品主产区	12 127.72	11 985.88	11 891.85	−235.87	−1.94
	重点开发区	4 977.39	4 885.53	4 803.49	−173.90	−3.49
山西省	农产品主产区	9 881.22	9 705.41	9 605.71	−275.51	−2.79
	重点开发区	3 657.13	3 456.09	3 318.85	−338.29	−9.25
	重点生态功能区	4 826.81	4 402.94	4 358.98	−467.83	−9.69

河南省：耕地萎缩、占用活动在 3 类主体功能区内均有发生。按耕地面积减少大小依次排序为重点开发区、农产品主产区和重点生态功能区，上述 3 类主体功能区内耕地面积减少量占本省耕地减少量的比例分别为 44.7%、32.5%、22.8%。由此可见，重点开发区、农产品主产区耕地减少是河南省耕地面积减少的主因。对河南省耕地的保护工作，应主要集中到重点开发区、农产品主产区中的土地占用监管上来。

3. 农产品主产区各县（市、区）耕地面积

由 2005～2015 年中原经济区农产品主产区中耕地面积比重及各县（市、区）

中耕地的总面积专题图可知，中原经济区东部城市耕地比重较高，而西部地区总体耕地比重较低。

2005 年中原经济区农产品主产区耕地面积为 120 088.90 km²；2010 年中原经济区农产品主产区耕地面积为 119 419.40 km²；2015 年中原经济区农产品主产区耕地面积为 116 199.10km²，占农产品主产区总面积的 70.6%；与 2005 年相比（120 088.90km²，73.0%），中原经济区农产品主产区耕地面积总体呈现下降趋势；10 年间，其耕地面积共减少了 3889.80km²，下降了 3.2%。

2005～2015 年，耕地面积增加的县（市、区）仅有 20 个：灵宝市、武乡县、淮阳县、单县、柘城县、西华县、台前县、西平县、博爱县、通许县、封丘县、汝南县、新野县、祥符区、鄢陵县、芮城县、民权县、淮滨县、鄄城县、浚县。增加最多的是灵宝市，耕地面积增加了 116.2km²。大部分县（市、区）耕地面积呈减少趋势。耕地面积减少超过农产品主产区平均水平（10%）的县（市、区）共 12 个，从大到小依次为界首市、禹州市、广宗县、新安县、凤台县、襄垣县、修武县、清河县、颍州区、淇滨区、杜集区、晋城市城区。耕地面积减少总量超过 80km² 的县（市、区）共有 13 个，依次为颍上县、禹州市、萧县、中牟县、太和县、濉溪县、南召县、襄垣县、蒙城县、凤台县、利辛县、临泉县、怀远县。

4.4.2 被占用耕地的去向

在中原经济区地区，减少的耕地主要流向城乡建设用地和生态用地（林地和草地）。其中，有 16 970km² 耕地变为建设用地，包括 2648km² 耕地为城市空间建设用地所占用、12 614km² 耕地为农村及乡镇建设用地所占用、1708km² 耕地为工矿交通等其他建设所占用，以上 3 类建设用地分别占流失耕地总量的 11.2%、53.3%、7.2%；此外，有 2507km² 耕地变为林地，占耕地流失总量的 10.6%；共有 2452km² 耕地变为草地，占耕地流失总量的 10.4%。

在重点开发区，减少的耕地主要流向城乡建设用地和水域。其中，有 6010km² 耕地变为建设用地，包括 1325km² 耕地为城市空间建设用地所占用，3904km² 耕地为农村及乡镇建设用地所占用，781km² 耕地为工矿交通等其他建设所占用，以上 3 类建设用地分别占重点开发区流失耕地总量的 18.1%、53.4%、10.7%；有 551km² 耕地变为水域，占重点开发区耕地流失总量的 7.5%；有 479km² 耕地变为草地，占重点开发区耕地流失总量的 6.6%。

在农产品主产区，减少的耕地主要流向城乡建设用地和草地。其中，有 9899km² 耕地变为建设用地，包括 1203km² 耕地为城市建设用地所占用、7913km² 耕地为农村居民用地所占用、783km² 耕地为工矿交通等其他建设所占用，分别占农产品主产区耕地流失总量的 9.5%、62.6%、6.2%；1051km² 耕地变为草地，占农产品主产区耕地流失总量的 8.3%；991km² 耕地变为水域，占农产品主产区耕地流失总量的 7.8%。

在重点生态功能区，减少的耕地主要流向城乡建设用地和生态用地（林地和草地）。其中，有 1061km² 耕地变为建设用地，包括 120km² 耕地为城市空间建设用地所占用，797km² 耕地为农村及乡镇建设用地所占用，144km² 耕地为工矿交通等其他建设所占用，以上 3 类建设用地分别占重点生态功能区耕地流失总量的 3.2%、21.4%、3.9%；有 1481km² 耕地变为林地，占重点生态功能区耕地流失总量的 39.8%；共有 922km² 耕地变为草地，占重点生态功能区耕地流失总量的 24.8%（表 4-28）。

表 4-28　2005 ～ 2015 年中原经济区耕地流向统计表　　　（单位：km²）

区域	耕地流向					总和
	林地	草地	水域	建设用地	其他未利用土地	
农产品主产区	771	1 051	911	9 899	5	12 637
重点开发区	254	479	551	6 010	16	7 310
重点生态功能区	1 481	922	251	1 061	3	3 718
中原经济区	2 507	2 452	1 713	16 970	24	23 665

4.4.3 农田生产力

1. 农田生产力变化

基于 MODIS 的农田 NPP 数据进行降尺度分析，2005 ～ 2015 年中原经济区年均农田生产力呈现的趋势为东部高，西部低。全区多年农田 NPP 平均总量是 $164.6 \times 10^6 \text{tC/a}$；全区多年农田 NPP 的平均值是 $861.7 \text{gC/(m}^2 \cdot \text{a})$。

2015 年中原经济区农田 NPP 平均值为 943.37 gC/m^2，农田 NPP 平均总量为 $180.21 \times 10^6 \text{tC}$，农田 NPP 平均值与 2005 年（819.71 gC/m^2）相比，增加了 123.66 gC/m^2，即增加 15.1%；农田 NPP 平均总量增加了 $23.62 \times 10^6 \text{tC}$，增加 15.1%（表 4-29）。

表 4-29 中原经济区各主体功能区农田 NPP 统计

区域	农田 NPP 平均值（gC/m^2）			农田 NPP 平均总量（10^6tC）		
	2005 年	2010 年	2015 年	2005 年	2010 年	2015 年
农产品主产区	859.16	860.43	995.83	103.10	103.25	119.50
重点开发区	783.46	791.34	898.15	40.73	41.14	46.69
重点生态功能区	670.16	652.41	721.74	12.76	12.43	13.75
中原经济区	819.71	821.94	943.37	156.59	157.02	180.21

从各主体功能区来看，农产品主产区内农田生产力最高，其次是重点开发区，而重点生态功能区内农田生产力最低。2015 年 3 类主体功能区内农田 NPP 较 2005 年均有不同程度的增加（图 4-7）。

分省份来看结果如下（表 4-30）。

河北省：2015 年农田 NPP 平均值为 777.5gC/m^2，与 2005 年相比（720.5gC/m^2），农田 NPP 平均值增加了 57.0gC/m^2，即增加了 7.9%，农田 NPP 平均总量

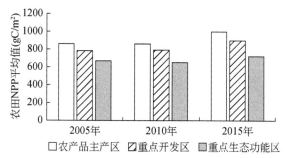

图 4-7　2005 ～ 2015 年中原经济区农田生产力平均值统计图

增加了 1.0×10^6 tC。

山西省：2015 年农田 NPP 平均值为 718.0 gC/m²，与 2005 年相比（594.5gC/m²），农田 NPP 平均值增加了 123.5gC/m²，即增加了 20.8%，农田 NPP 平均总量增加了 2.27×10^6 tC。

安徽省：2015 年农田 NPP 平均值为 1097.1 gC/m²，与 2005 年相比（934.8 gC/m²），农田 NPP 平均值增加了 162.3 gC/m²，即增加了 17.4%，农田 NPP 平均总量增加了 5.06×10^6 tC。

山东省：2015 年农田 NPP 平均值为 1034.5gC/m²，与 2005 年相比（896.9gC/m²），农田 NPP 平均值增加了 137.6 gC/m²，即增加了 15.3%，农田 NPP 平均总量增加了 2.35×10^6 tC。

河南省：2015 年农田 NPP 平均值为 948.7gC/m²，与 2005 年相比（828.8gC/m²），农田 NPP 平均值增加了 119.9gC/m²，即增加了 14.5%，农田 NPP 平均总量增加了 12.8×10^6 tC[33]。

表 4-30　中原经济区各省市农田 NPP 变化统计

省份	地级市	农田 NPP 平均值（gC/m²）			农田 NPP 平均总量（10⁶tC）			2005 ～ 2015 年变化（%）
		2005 年	2010 年	2015 年	2005 年	2010 年	2015 年	
安徽省	淮北市	938	987	1159	2.03	2.14	2.51	23.58
	亳州市	962	983	1158	6.75	6.89	8.12	20.41

续表

省份	地级市	农田 NPP 平均值（gC/m²）			农田 NPP 平均总量（10⁶tC）			2005～2015年变化（%）
		2005 年	2010 年	2015 年	2005 年	2010 年	2015 年	
安徽省	蚌埠市	898	956	1024	4.21	4.48	4.80	14.04
	淮南市	859	875	972	1.15	1.17	1.30	13.18
	宿州市	943	979	1127	7.33	7.60	8.76	19.46
	阜阳市	936	915	1061	7.66	7.50	8.69	13.33
河北省	邯郸市	717	684	788	6.11	5.83	6.72	9.99
	邢台市	724	681	767	6.51	6.12	6.89	5.92
河南省	新乡市	820	852	990	4.73	4.91	5.71	20.72
	信阳市	786	718	829	10.00	9.13	10.54	5.40
	平顶山市	759	779	867	3.78	3.88	4.32	14.24
	濮阳市	880	902	1045	2.96	3.04	3.52	18.80
	许昌市	867	873	1005	3.37	3.39	3.91	15.95
	洛阳市	678	697	785	4.59	4.71	5.31	15.74
	三门峡市	635	650	753	2.13	2.18	2.52	18.55
	驻马店市	899	913	1045	10.15	10.31	11.80	16.21
	南阳市	782	782	855	11.74	11.74	12.84	9.34
	漯河市	898	963	1106	1.95	2.09	2.40	23.19
	鹤壁市	797	808	962	1.17	1.19	1.41	20.69
	开封市	901	871	988	4.53	4.38	4.97	9.64
	焦作市	746	729	835	2.51	2.46	2.81	11.96
	郑州市	680	685	727	3.29	3.32	3.52	6.92
	周口市	978	989	1158	9.32	9.43	11.04	18.41
	商丘市	1002	1011	1183	8.41	8.50	9.94	18.11
	安阳市	798	804	936	3.95	3.98	4.64	17.39

省份	地级市	农田 NPP 平均值（gC/m²）			农田 NPP 平均总量（10⁶tC）			2005～2015 年变化（%）
		2005 年	2010 年	2015 年	2005 年	2010 年	2015 年	
山东省	聊城市	872	837	1018	5.90	5.66	6.89	16.69
	泰安市	772	730	877	0.66	0.63	0.75	13.63
	菏泽市	926	907	1059	8.75	8.58	10.02	14.43
山西省	运城市	629	682	803	5.30	5.74	6.76	27.69
	晋城市	568	555	639	2.00	1.96	2.26	12.56
	长治市	564	560	644	3.63	3.60	4.14	14.18

2. 高、中、低产田分布

从中原经济区高、中、低产田空间分布可以得出，高产田主要分布在中原经济区的东部，主要在农产品主产区内。中、低产田相对较多，主要分布在中原经济区西部，在北部和大别山南部区域均有中、低产田分布。

2015 年，中原经济区高产田面积为 55 069 km²，中产田面积为 76 915 km²，低产田面积为 50 262 km²。2005～2015 年，3 类农田面积的变化趋势是低产田略有增加；中产田逐渐减少；高产田逐渐增加。其中高产田增加了 22 816 km²，中产田减少了 33 270 km²，低产田略增加 1669km²（表 4-31）。

表 4-31　2005～2015 年中原经济区高、中、低产田面积统计

类型	2005 年（km²）	2010 年（km²）	2015 年（km²）	2005～2015 年变化绝对值（km²）	2005～2015 年变化率（%）
低产田	48 593	50 129	50 262	1 669	3.44
中产田	110 185	101 278	76 915	−33 270	−30.20
高产田	32 253	36 490	55 069	22 816	70.74

2010～2015 年，中原经济区内高产田增加了 18 579km^2，相比 2005～2010 年高产田增加量 4237km^2，2010～2015 年增加量是 2005～2010 年增加量的 4.4 倍左右。2010～2015 年中产田面积减少量约为 2005～2010 年的 2.7 倍，低产田增加量为 2005～2010 年的 0.09 倍左右。

从各类主体功能区来看结果如下（表 4-32）。

表 4-32　2005～2015 年中原经济区各主体功能区高、中、低产田面积统计

（单位：km^2）

类型		2005 年	2010 年	2015 年
农产品主产区	低产田	23 072	24 000	22 879
	中产田	71 554	67 164	48 862
	高产田	25 372	28 145	44 386
重点开发区	低产田	16 626	16 425	17 909
	中产田	28 639	25 963	20 080
	高产田	6 722	8 270	10 537
重点生态功能区	低产田	8 895	9 705	9 474
	中产田	9 992	8 151	7 973
	高产田	160	75	147

2005～2015 年，农产品主产区内呈现中、低产田减少，高产田增加状态；重点开发区内低产田略有增加，中产田减少，高产田增加；重点生态功能区内，低产田略有增加，中、高产田减少。具体分析如下。

农产品主产区内，低产田减少 193 km^2，中产田减少 22 692 km^2，高产田增加 19 014 km^2；重点开发区内低产田增加 1283 km^2，中产田减少 8559km^2，高产田增加 3815 km^2；重点生态功能区内低产田增加 579 km^2，中产田减少 2019 km^2，高产田略有减少，减少 13 km^2。

从中原经济区高、中、低产田空间动态分布可以得出，2005～2015 年中原经济区中、高产田变化较大，低产田变化较小。其中，变为低产田的区域主要分布在邢台市东部及郑州市、洛阳市、南阳市、平顶山市等区域，高产田变化主要发生在东部地区，在东北部及中南部等区域均有发生，变为中产田区域较高产田和低产田变化相对较少。其中，在长治市、运城市、商丘市、周口市等区域有大面积中产田出现；在聊城市、鹤壁市、新乡市、周口店市、阜阳市、亳州市等地区均有大面积高产田出现。

其中，中、低产田变为高产田的面积为 30 308.25km²，中、高产田变为低产田的面积为 12 769.5 km²，低产田变为中产田的面积为 7352.5 km²，高产田变为中产田的面积为 7681.75 km²。

4.4.4　小结

2015 年，中原经济区全区耕地总面积为 182 340.4km²。与 2005 年相比（191 055.0km²），全区耕地面积减少了 8714.6km²，即减少了 4.6%。农产品主产区耕地面积为 116 199.1km²，与 2005 年相比，减少了 3889.80km²，即减少了 3.2%。与全区耕地下降幅度相比，农产品主产区下降幅度要低约 1.3 个百分点。这表明与重点开发区相比，农产品主产区内耕地得到更大程度的保护。

2005～2015 年，耕地面积减少量从大到小排序依次为农产品主产区、重点开发区、重点生态功能区。重点开发区和农产品主产区是耕地流失的主体区域，其流失耕地占全区流失耕地的 83.79%，重点生态功能区内耕地减少面积仅占全部减少面积的 16.21%。这表明，中原经济区耕地减少主要发生在重点开发区和农产品主产区；农产品主产区耕地没有得到严格保护，与主体功能区规划目标不吻合。

后 5 年耕地面积萎缩量分别是前 5 年耕地面积萎缩量的 1.64 倍、4.81 倍、0.3 倍。这表明自主体功能区规划实施以来，重点开发区和农产品主产区耕地面积呈现加速萎缩态势，重点生态功能区内耕地则呈现减速萎缩态势；尤其是农产品主产区内耕地面积萎缩幅度最大。

2005～2015 年，重点开发区和农产品主产区减少的耕地主要流向建设用地，其中重点开发区耕地流向建设用地占比最高，达到 82.2%，农产品主产区为 78.3% 左右。重点生态功能区减少的耕地主要流向林地，占该区域耕地流失总量的 39.8%，流向建设用地和草地的耕地面积占比分别为 28.5% 和 24.8%。

2005～2015 年，中原经济区农田 NPP 在不断提高，全区多年农田 NPP 平均总量为 $164.6 \times 10^6 tC/a$，全区多年农田 NPP 平均值为 $861.7 gC/(m^2 \cdot a)$。其中，2015 年中原经济区农田 NPP 平均值为 943.37 gC/m^2，农田 NPP 平均总量为 $180.21 \times 10^6 tC$。2015 年，中原经济区高产田面积为 55 069 km^2，中产田面积为 76 915 km^2，低产田面积为 50 262 km^2。2010～2015 年，中原经济区内高产田增加了 18 579km^2，相比 2005～2010 年高产田增加量 4237km^2，2010～2015 年增加量是 2005～2010 年增加量的 4.4 倍左右。

4.5 生态保护

中原经济区重点生态功能区主要分布于西北部的太行山、中条山地区，西南部的伏牛山地区，南部的大别山地区。需要保护的主要生态系统为森林、草地生态系统。因此，生态保护监测评价的主要对象是生态系统总体质量（植被绿度）和主体生态系统（优良生态系统及其面积占比）。

4.5.1 植被绿度

1.各省植被绿度

从 2005～2015 年中原经济区 NDVI 空间分布得出，中原经济区 NDVI 高值区域主要分布在东南部农田和西南部的山地、草地生态系统中，尤其是在西南部的南阳市及山西省晋城市山脉一带，NDVI 值较高，植被生长态势良好。植被指数较低的区域主要分布在郑州市、邯郸市、洛阳市等各大城市地区，中原经济区西部运城市、三门峡市区域有成片中、低覆盖草地，其植被生态状况较差，NDVI 值较低。

从时间变化（表 4-33）上看，2005 ～ 2015 年中原经济区植被指数变化不大，植被生长基本稳定。2005 年 NDVI 值为 0.757，2015 年有略微上升，为 0.764。10 年内 NDVI 年变化率为 0.1%。其中，2005 ～ 2010 年中原经济区 5 省中除河北省、安徽省外，其他省份的 NDVI 均有轻微增加，植被生长质量呈现转好态势；2010 ～ 2015 年中，除山西省 NDVI 呈现轻微上升，河南省、河北省、山东省、安徽省均呈现 NDVI 轻微降低、植被生长劣化态势（表 4-34 和图 4-8）。

表 4-33　2005 ～ 2015 年中原经济区及各省 NDVI 年变化

地区	2005 年	2006 年	2007 年	2008 年	2009 年	2010 年	2011 年	2012 年	2013 年	2014 年	2015 年
河北省	0.750	0.750	0.749	0.765	0.739	0.727	0.752	0.758	0.705	0.723	0.726
山西省	0.663	0.691	0.700	0.680	0.657	0.698	0.709	0.731	0.707	0.710	0.727
山东省	0.785	0.771	0.781	0.808	0.781	0.792	0.796	0.760	0.750	0.762	0.786
河南省	0.770	0.768	0.771	0.777	0.772	0.777	0.781	0.762	0.744	0.736	0.773
安徽省	0.781	0.770	0.767	0.802	0.822	0.781	0.827	0.763	0.765	0.788	0.776
中原经济区	0.757	0.757	0.760	0.770	0.762	0.764	0.777	0.758	0.739	0.741	0.764

表 4-34　中原经济区及各省 NDVI 分阶段变化统计表

地区	2005 ～ 2010 年		2010 ～ 2015 年		2005 ～ 2015 年	
	NDVI 均值	年变化率（%）	NDVI 均值	年变化率（%）	NDVI 均值	年变化率（%）
河北省	0.747	−0.62	0.732	−0.03	0.740	−0.32

续表

地区	2005～2010 年		2010～2015 年		2005～2015 年	
	NDVI 均值	年变化率（%）	NDVI 均值	年变化率（%）	NDVI 均值	年变化率（%）
山西省	0.682	1.06	0.714	0.82	0.698	0.96
山东省	0.786	0.17	0.774	−0.15	0.779	0.01
河南省	0.773	0.18	0.762	−0.11	0.767	0.04
安徽省	0.788	0.01	0.784	−0.13	0.786	−0.06
中原经济区	0.762	0.19	0.757	0.00	0.759	0.10

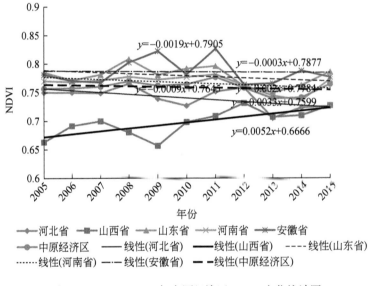

图 4-8　2005～2015 年中原经济区 NDVI 变化统计图

2. 各主体功能区植被绿度

针对中原经济区所包含的重点开发区、农产品主产区、重点生态功能区 3 类主体功能区的植被状况展开时序和对比分析（表 4-35、表 4-36 和图 4-9），可以发现如下结论。

表 4-35　2005～2015 年中原经济区各主体功能区 NDVI 值统计

区域	2005 年	2006 年	2007 年	2008 年	2009 年	2010 年	2011 年	2012 年	2013 年	2014 年	2015 年
重点开发区	0.735	0.734	0.740	0.743	0.734	0.738	0.745	0.725	0.705	0.698	0.727
农产品主产区	0.768	0.767	0.767	0.784	0.776	0.774	0.791	0.765	0.748	0.754	0.775
重点生态功能区	0.755	0.760	0.768	0.760	0.755	0.769	0.775	0.781	0.760	0.758	0.784
中原经济区	0.757	0.757	0.760	0.770	0.762	0.764	0.777	0.758	0.739	0.741	0.764

表 4-36　中原经济区各主体功能区 NDVI 变化统计表

区域	2005～2010 年		2010～2015 年		2005～2015 年	
	NDVI 均值	年变化率（%）	NDVI 均值	年变化率（%）	NDVI 均值	年变化率（%）
重点开发区	0.737	0.10	0.723	−0.31	0.729	−0.10
农产品主产区	0.773	0.17	0.768	0.01	0.770	0.09
重点生态功能区	0.761	0.37	0.771	0.39	0.766	0.39
中原经济区	0.762	0.19	0.757	0.00	0.759	0.10

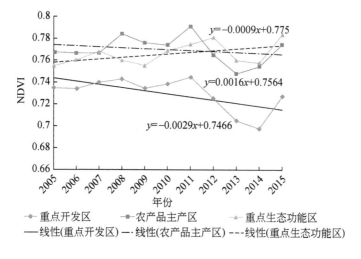

图 4-9　中原经济区各主体功能区 NDVI 变化统计图

2005～2015 年农产品主产区与重点生态功能区 NDVI 均值较高，呈动态交叉波动；2005～2015 年 NDVI 均值从高到低依次为农产品主产区、重点生态功能区、重点开发区。

2005～2015 年，重点开发区 NDVI 均值为 0.729，10 年内 NDVI 的年平均变化率为 –0.10%，植被生长状况呈现略微劣化态势。2005～2010 年与 2010～2015 年对比表明，2005～2010 年植被指数呈现正变化趋势，植被生长状况较好；2010～2015 年植被指数呈现负变化趋势，植被生长状况变差。

2005～2015 年，农产品主产区 NDVI 均值为 0.770，10 年内 NDVI 的年平均变化率仅为 0.09%，植被生长状况基本保持稳定。2005～2010 年与 2010～2015 年对比表明，2005～2010 年植被指数呈现正变化趋势，植被生长状况较好；2010～2015 年植被指数正变化趋势减弱，植被生长转好态势劣于 2005～2010 年。

2005～2015 年，重点生态功能区 NDVI 均值为 0.766，10 年 NDVI 的年平均变化率为 0.39%，植被生长状况呈现转好态势。2005～2010 年与 2010～2015 年对比发现，2010～2015 年植被指数年平均变化率略高于 2005～2010 年，说明植被生长状况得到加速改善。

总结起来：2005～2015 年，重点开发区内植被生长状况为轻微变差趋势，农产品主产区内植被生长基本稳定，而重点生态功能区植被生长呈现向好态势。重点生态功能区 NDVI 年增长速率最大，这表明中原经济区重点生态功能区植被生态状况逐渐变好，符合主体功能区规划目标。另外，虽然重点开发区内的植被生长状况呈现逐渐变差趋势，考虑到这类区域更多的是注重城镇化开发建设，在扩大建设空间、保持经济快速增长的同时，必然会对生态环境产生一定的影响，因此三类主体功能区植被绿度变化态势基本反映了国家主体功能区规划定位要求，与主体功能区规划实施预期目标基本吻合。

3. 重点生态功能区植被绿度

中原经济区东南部地区 NDVI 值要高于北部地区，北部及城镇区域 NDVI 值较低。具体来说：河南省洛阳市栾川县、南阳市西峡县 NDVI 值最高，这些地区主要为森林生态系统；中原经济区北部河北省邯郸市、邢台市及山西省垣曲县、平陆县 NDVI 值较低，这些地区生态系统类型主要为农田生态系统及城乡建设用地。

2005～2015 年，中原经济区重点生态功能区 NDVI 值变化不大，植被生长态势略有上升（表4-37）。中原经济区多年 NDVI 平均值为 0.76，标准偏差为 0.01。2005～2015 年，NDVI 值下降区域面积占全区总面积的 30.5%，有 11 个县（市、区）NDVI 值下降，下降面积占比高于 50%。

表 4-37　中原经济区重点生态功能区 NDVI 统计表

项目	2005 年	2006 年	2007 年	2008 年	2009 年	2010 年	2011 年	2012 年	2013 年	2014 年	2015 年	平均值	标准偏差
MODIS	0.75	0.75	0.76	0.76	0.75	0.76	0.77	0.78	0.75	0.75	0.77	0.76	0.01
GF										0.68	0.69		

注：考虑到 GF NDVI 数据与 MODIS NDVI 数据在时间序列上的连续性，本书使用了 MODIS 的 NDVI 数据用于分析。

NDVI 值下降区域主要是在中原经济区北部河北省邯郸市、邢台市及中原经济区中东部地区，特别是南阳市、邓州市、邯郸峰峰矿区、邢台市、临城县、桥西区、内丘县等县（市、区），生态系统 NDVI 值下降较为明显，植被生长呈现恶化态势。

NDVI 值上升区域主要出现在中原经济区东部山西省地区，特别是山西省长治市沁源县、黎城县，运城市垣曲县、平陆县，晋城市阳城县、沁水县等，植被生态状况呈现改善的趋势。

4.5.2 优良生态系统

1. 各省优良生态系统

从 2005～2015 年中原经济区优良生态系统面积比例空间分布可知，中原经济区优良生态系统用地主要分布在南太行山以西及南阳市西部伏牛山地生态区；在中原经济区东部平原区域，优良生态系统用地明显减少；另外，在信阳市南部桐柏大别山生态区也分布有部分优良生态系统。

从优良生态系统面积比例上看，各省区域内优良生态系统面积比例从大到小排序依次是山西省、河南省、河北省、安徽省、山东省，其中山西省优良生态系统面积比例约为山东省的 18 倍。从时间变化（表 4-38 和表 4-39）上看：2005～2015 年，中原经济区优良生态系统面积呈减少态势，从 55 880km^2 减少到 55 147km^2，共减少了 733km^2，10 年内减少了 1.31%。分阶段来看，2010～2015 年，优良生态系统面积呈增加态势，年平均增加率为 0.12%。这表明，优良生态系统面积自 2010 年之后持续减少态势得到遏制，优良生态系统面积逐渐增加，区域生态保护工作有一定的成效。具体分析如下（图 4-10）。

表 4-38　中原经济区及各省优良生态系统面积和比例统计表

地区	优良生态系统面积（km^2）			优良生态系统面积比例（%）		
	2005 年	2010 年	2015 年	2005 年	2010 年	2015 年
安徽省	1 018	1 029	1 298	2.63	2.66	3.35
河北省	3 880	3 757	3 754	15.92	15.41	15.40
河南省	36 228	35 574	35 632	21.90	21.50	21.54
山东省	573	446	464	2.62	2.04	2.12
山西省	14 181	14 002	13 999	38.21	37.73	37.72
中原经济区	55 880	54 808	55 147	19.43	19.06	19.18

表 4-39 中原经济区优良生态系统面积变化

地区	优良生态系统变化	2005～2010 年	2010～2015 年	2005～2015 年
安徽省	变化面积（km²）	11	269	280
	年变化面积（km²）	2	54	28
	变化率（%）	1.08	26.14	27.50
	年变化率（%）	0.22	5.23	2.75
河北省	变化面积（km²）	−123	−3	−126
	年变化面积（km²）	−25	−1	−13
	变化率（%）	−3.17	−0.08	−3.25
	年变化率（%）	−0.63	−0.02	−0.33
河南省	变化面积（km²）	−654	58	−596
	年变化面积（km²）	−131	12	−60
	变化率（%）	−1.81	0.16	−1.65
	年变化率（%）	−0.36	0.03	−0.17
山东省	变化面积（km²）	−127	18	−109
	年变化面积（km²）	−25	4	−11
	变化率（%）	−22.16	4.04	−19.02
	年变化率（%）	−4.43	0.81	−1.90
山西省	变化面积（km²）	−179	−3	−182
	年变化面积（km²）	−36	−1	−18
	变化率（%）	−1.26	−0.02	−1.28
	年变化率（%）	−0.25	0.00	−0.13
中原经济区	变化面积（km²）	−1072	339	−733
	年变化面积（km²）	−214	68	−73
	变化率（%）	−1.92	0.62	−1.31
	年变化率（%）	−0.38	0.12	−0.13

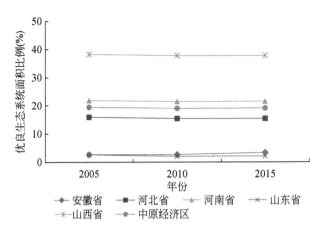

图 4-10 中原经济区优良生态系统面积比例变化统计图

1）安徽省优良生态系统面积从 1018km² 增加到 1298km²，面积增加了 280km²，增加了 27.50%；优良生态系统面积比例从 2.63% 增加到 3.35%。2010～2015 年优良生态系统面积增加量为 2005～2010 年增加量的 24 倍左右，这表明优良生态系统自主体功能区规划实施以来得到有效保护，优良生态系统面积正逐渐增加。

2）河北省优良生态系统面积从 3880km² 减少到 3754km²，面积减少了 126km²，减少了 3.25%；优良生态系统面积比例从 15.92% 减少到 15.40%。2010～2015 年优良生态系统面积年减少率为 0.02%，明显低于 2005～2010 年的 0.63%。这表明自主体功能区规划实施以来生态保护工作逐步加强，优良生态系统面积减少趋势得到遏制，减少率明显缩减。

3）河南省优良生态系统面积从 36 228km² 减少到 35 632km²，面积减少了 596km²，减少了 1.65%；优良生态系统面积比例从 21.90% 减少到 21.54%。但是，河南省 2005～2010 年优良生态系统为减少态势，2010～2015 年则为增加态势。这表明自主体功能区规划实施以来生态保护工作逐步加强，优良生态系统面积减少态势得到逆转。

4）山东省优良生态系统面积从 573km² 减少到 464km²，面积减少了 109km²，减少 19.02%；优良生态系统面积比例从 2.62% 减少到 2.12%。但是，山东省 2005～2010 年优良生态系统为减少态势，2010～2015 年则为增加态势。这表明自主体功能区规划实施以来生态保护工作逐步加强，优良生态系统面积减少态势得到逆转。

5）山西省优良生态系统面积从 14 181km² 减少到 13 999km²，面积减少了 182km²，减少了 1.28%；优良生态系统面积比例从 38.21% 减少到 37.72%。山西省 2005～2010 年优良生态系统面积年减少率为 0.25%，2010～2015 年减少率接近零。这表明自主体功能区规划实施以来生态保护工作逐步加强，优良生态系统面积减少趋势得到有效遏制、减少面积逐渐缩小。

2. 各主体功能区优良生态系统

进一步，针对中原经济区所包含的重点开发区、农产品主产区、重点生态功能区 3 类主体功能区的优良生态系统面积展开时序和对比分析（表 4-40 和表 4-41），可以发现如下结论。

表 4-40　中原经济区各主体功能区优良生态系统面积及比例统计表

区域	优良生态系统面积（km²）			优良生态系统面积比例（%）		
	2005 年	2010 年	2015 年	2005 年	2010 年	2015 年
重点开发区	7 803	7 066	7 221	10.82	9.79	10.01
农产品主产区	19 782	19 270	19 479	12.07	11.75	11.88
重点生态功能区	28 295	28 472	28 447	54.93	55.28	55.23
中原经济区	55 880	54 808	55 147	19.43	19.06	19.18

表 4-41　中原经济区各主体功能区优良生态系统变化统计表

主体功能区类型	优良生态系统变化	2005～2010 年	2010～2015 年	2005～2015 年
重点开发区	变化面积（km²）	−737	155	−582
	年变化面积（km²）	−147	31	−58
	变化率（%）	−9.45	2.19	−7.46
	年变化率（%）	−1.89	0.44	−0.75

续表

主体功能区类型	优良生态系统变化	2005～2010 年	2010～2015 年	2005～2015 年
农产品主产区	变化面积（km²）	−512	209	−303
	年变化面积（km²）	−102	42	−30
	变化率（%）	−2.59	1.08	−1.53
	年变化率（%）	−0.52	0.22	−0.15
重点生态功能区	变化面积（km²）	177	−25	152
	年变化面积（km²）	35	−5	15
	变化率（%）	0.63	−0.09	0.54
	年变化率（%）	0.13	−0.02	0.05

2005～2015 年，重点开发区内优良生态系统面积减少了 582km²，减少率为 7.46%。2005～2010 年优良生态系统为减少态势，而 2010～2015 年为增加态势，2005～2010 年的减少量约为 2010～2015 年增加量的 5 倍。这表明，中原经济区重点开发区生态保护工作取得了一定成效，优良生态系统面积减少态势得到逆转。

2005～2015 年，农产品主产品内优良生态系统面积减少了 303km²，减少率为 1.53%。2005～2010 年优良生态系统面积呈减少趋势，2010～2015 年为增加趋势，2005～2010 年的减少量约为 2010～2015 年的增加量的 2.45 倍。这表明，中原经济区农产品主产区生态保护工作取得了一定成效，优良生态系统面积减少态势得到逆转。

2005～2015 年，重点生态功能区内优良生态系统面积为增加态势，面积增加了 152km²，增加率为 0.54%。但是，2010～2015 年优良生态系统呈现减少态势，年减少率为 0.02%，2005～2010 年为增加态势，年增加率为 0.13%。这表明，自主体功能区规划实施以来重点生态功能区优良生态系统保护工作缺乏，优良生态系统面积有减少态势。

总体上，中原经济区 3 类主体功能区除重点生态功能区优良生态系统面积呈现增加外，重点开发区、农产品主产区均呈现减少态势。对 2005 ～ 2015 年、2005 ～ 2010 年、2010 ～ 2015 年情况的分析表明，重点开发区、农产品主产区自主体功能区规划实施以来，优良生态系统保护工作取得了一定成效，优良生态系统面积减少态势得到遏制；而重点生态功能区虽然优良生态系统面积呈增加态势，但是 2010 ～ 2015 年优良生态系统面积呈现减少、恶化态势，保护工作没有到位。这表明，中原经济区除重点生态功能区外生态保护工作得到加强，与国家主体功能区规划目标要求相一致。今后对于重点生态功能区中优良生态系统的保护，将是本区域生态保护的重点。

3. 重点生态功能区优良生态系统

根据"优良生态系统"的界定，得到 2005 年、2010 年、2015 年中原经济区重点生态功能区优良生态系统类型分布及面积统计（表 4-42）。

表 4-42　中原经济区重点生态功能区优良生态系统面积统计

地区				优良生态系统面积		
省	市	县（市、区）	行政代码	2005 年（km²）	2010 年（km²）	2015 年（km²）
河北省	邯郸市	涉县	130426	903	901	914
		武安市	130481	604	600	598
		汇总		1 507	1 501	1 512
	邢台市	邢台县	130521	955	930	925
		临城县	130522	187	178	175
		内丘县	130523	214	208	207
		沙河市	130582	225	221	220
		平顺县	140425	532	429	433
		汇总		2 113	1 966	1 960

地区				优良生态系统面积		
省	市	县（市、区）	行政代码	2005 年（km²）	2010 年（km²）	2015 年（km²）
山西省	长治市	黎城县	140426	625	640	645
		壶关县	140427	324	336	335
		沁源县	140431	1 966	2 050	2 043
		汇总		2 915	3 026	3 023
	晋城市	沁水县	140521	1 498	1 482	1 476
		阳城县	140522	1 009	1 000	1 007
		陵川县	140524	1 123	1 116	1 124
		汇总		3 630	3 598	3 607
	运城市	垣曲县	140827	929	901	902
		平陆县	140829	369	364	366
		汇总		1 298	1 265	1 268
河南省	洛阳市	栾川县	410324	2 111	2 092	2 090
		嵩县	410325	2 128	2 075	2 071
		汇总		4 239	4 167	4 161
	三门峡市	卢氏县	411224	2 863	2 825	2 811
	南阳市	西峡县	411323	2 783	2 747	2 746
		内乡县	411325	1 238	1 207	1 207
		淅川县	411326	1 437	1 382	1 400
		桐柏县	411330	764	760	758
		邓州市	411381	25	27	26
		汇总		6 247	6 123	6 137
	信阳市	浉河区	411502	1 218	1 212	1 194
		罗山县	411521	483	483	479
		光山县	411522	241	281	281

续表

地区				优良生态系统面积		
省	市	县（市、区）	行政代码	2005 年（km²）	2010 年（km²）	2015 年（km²）
河南省	信阳市	新县	411523	652	1 147	1 139
		商城县	411524	889	878	875
		汇总		3 483	4 001	3 968
汇总				28 295	28 472	28 447

总体看来，优良生态系统主要分布在中原经济区东南部卢氏县、栾川县、西峡县等地区。卢氏县优良生态系统面积最多，达到 2811km²；南阳市邓州市优良生态系统面积最少，仅为 26km²。

2005～2015 年中原经济区重点生态功能区内优良生态系统面积呈现略有增加的态势，优良生态系统面积由 2005 年的 28 295km²，上升至 2010 年的 28 472km²，2015 年为 28 447km²。2005～2015 年，优良生态系统面积增加了 152km²，增加幅度为 0.54%。

共有 8 个县（市、区）优良生态系统面积增加，20 个县（市、区）优良生态系统面积降低。其中，优良生态系统面积增加较多的 4 个县（市、区）依次为新县、沁源县、光山县、黎城县，这些县（市、区）增加的优良生态系统面积至少为 20km²。

对优良生态系统被侵占土地的追踪统计表明：优良生态系统用地主要为城乡建设、工矿建设和农业开发等人类活动所侵占。

在中原经济区重点生态功能区内，2005～2015 年，城乡建设和工矿建设用地占用了 56km² 森林和 135km² 中、高覆盖度草地；农业开发占用了 124km² 森林和 105km² 中、高覆盖度草地。另外，由于气候变化、农业灌溉等原因，共有 132km² 的水体和湿地出现干涸沙化或被用于农业开发和城乡建设。

4.5.3 小结

中原经济区 NDVI 高值区域主要分布在东部平原农田生态系统及西南部的南阳市及山西省晋城市山脉一带，植被生态态势良好。

2005～2015 年，中原经济区 NDVI 变化不大，植被生态基本稳定。重点开发区内植被生长状况为轻微变差趋势，农产品主产区内植被生长状况为轻微转好，重点生态功能区内植被生长转好态势相对明显。这与主体功能区规划实施预期目标基本吻合。

重点生态功能区内 NDVI 变化不大，植被生长态势总体稳定，略呈现轻微向好态势。2005～2015 年，NDVI 下降区域占全区总面积的 30.5%，有 11 个县（市、区）NDVI 下降面积占比高于 50%。NDVI 上升区域主要出现在中原经济区东部山西省境内，下降区域主要发生在北部河北省邯郸市、邢台市及中东部地区。

中原经济区优良生态系统用地主要分布在南太行山以西及南阳市西部伏牛山地生态区；在中原经济区东部平原区域，优良生态系统用地明显减少；另外，在信阳市南部桐柏大别山区域也分布有部分优良生态系统。

2005～2015 年，中原经济区整体区域优良生态系统面积呈现减少态势，2005～2015 年减少了 733km^2。重点生态功能区内优良生态系统面积呈增加态势，但是对 2005～2015 年、2005～2010 年、2010～2015 年情况的分析表明，重点开发区、农产品主产区自主体功能区规划实施以来，优良生态系统保护工作取得了一定成效，优良生态系统面积减少态势得到遏制；而重点生态功能区虽然优良生态系统面积呈增加态势，但是 2010～2015 年优良生态系统面积呈现减少、恶化态势，保护工作没有到位。这表明，中原经济区除重点生态功能区外生态保护工作得到加强，与国家主体功能区规划目标要求相一致。今后对于重点生态功能区中优良生态系统的保护，将是本区域生态保护的重点。

对优良生态系统被侵占土地的追踪统计表明：优良生态系统用地主要为城乡建设、工矿建设和农业开发等人类活动所侵占。

第5章 规划辅助决策

规划辅助决策，是在区域规划实施评价基础上，根据区域主体功能区规划目标，针对发展现状和发展趋势，分别从行政区维度和网格维度，提出的具有时空针对性的、促进主体功能区规划有效落实、良好运行的空间化方案，并提供给国家有关部门参考使用。规划辅助决策，主要是从 3 个方面（即区域调控、区域开发、改善人居）予以区县遴选、网格遴选，并给出相应的政策建议和具体举措意见。

5.1 严格调控区县遴选

严格调控区县遴选，是指在区、县、市等行政区维度上，选择那些国土开发强度过高、国土开发布局凌乱、人口聚集规模过大的区县；在这些行政区，需要严格控制新增国土开发活动，妥善优化建设布局，适当疏解密集人口。

5.1.1 遴选流程

选择国土开发强度、国土开发聚集度、人口密度 3 项指标及其空间化产品；根据国家和各地区主体功能区规划或其他规划，或参考国内外类似案例，确定各指标阈值；在单因子遴选基础上，形成多因子复合叠加成果，形成严格调控县（市、区）。

1）在国土开发强度方面：鉴于 2020 年河南省国土开发强度目标为 15.9%，

且 2015 年中原经济区国土开发强度达 14.4%，考虑到中原经济区为重点开发区，且还有其他省的 2015 年国土开发强度现状等，因此设定严格调控区县国土开发强度的阈值为 17%。

2）在人口密度方面：主体功能区规划没有给出中原经济区地区 2020 年人口规划目标。综合考虑河南省及其他省各县（市、区）人口密度，参考天津市城市发展规划目标，确定中原经济区县（市、区）人口密度阈值为 1100 人 /km²。

3）在国土开发聚集度方面：国土开发聚集度阈值设定不考虑不同省域特点，采用同一个指标。经反复测试比较，本书将县（市、区）国土开发聚集度阈值设为 0.6。国土开发聚集度小于 0.6，则表明国土开发偏于零散、开发布局偏于凌乱。

5.1.2　遴选结果

在中原经济区县（市、区）尺度上开展严格调控区县遴选，最多有 7 种调控组合。但在不同区域，组合方式和数量有所差异。具体遴选结果如下。

中原经济区大部分县（市、区）属于优化布局区域，东部地区多属于降低国土开发强度、优化布局区域。具体内容如下。

1）降低强度 + 疏解人口：除驻马店市、信阳市、南阳市、聊城市等，郑州市、开封市、安阳市、邯郸市、新乡市、商丘市、阜阳市、漯河市、长治市等地区的市辖区，需要严控国土开发活动，且适当疏解人口。

2）降低强度 + 优化布局：中原经济区东部大部分地区，山东省、安徽省及河南省东部地区，主要是要严控国土开发强度，优化布局。这些地区国土开发强度高主要是由于离散建设用地居多，但该区域基本没有大型的集中建设用地，需要对这些离散建设用地进行统一或集聚起来，提高土地利用效率。

3）优化布局：中原经济区西部大部分地区，主要是要优化城乡布局。这些地区具有一定的新增国土开发空间，且建设用地以离散的建设用地为主，基本没有大型的集中建设用地，需要对这些离散建设用地进行统一或集聚起来，提高土地利用效率。

4）降低强度＋优化布局＋疏解人口：中原经济区阜阳市临泉县，周口市沈丘县、项城市，邯郸市魏县、永年区，这些区域属于降低强度、优化布局与疏解人口的区域。这些区域的人口密度基本在 1200 人 /km² 左右，没有超出太多；但这些人口大多集中在农村，乡村人口占比达 80% 以上，同时根据《全国主体功能区规划》，这些地区属于农产品主产区。

需要指出的是，由于中原经济区主体功能区规划并未给出具体的国土开发强度控制目标、人口聚集目标等，因此目前的辅助决策阈值在设置上具有相当的人为指定性质。在本书研发的辅助决策系统下，可以根据地方要求，进一步明确目标，从而在 GIS 工具辅助下，完成区域遴选工作。

5.2 严格调控网格遴选

严格调控网格遴选，是指在网格维度上，选择那些国土开发强度过高、国土开发布局凌乱、人口聚集程度过高的格点（省尺度为公里网格，直辖市为 500m 网格）；在这些格点上，需要严格控制新增国土开发活动，妥善优化建设布局，适当疏解密集人口。

5.2.1 遴选流程

选择国土开发强度、国土开发聚集度、人口密度 3 项指标及其空间化产品；根据国家和各地区主体功能区规划或其他规划，或者参考国内外类似案例，确定各指标阈值；在单因子遴选基础上，形成多因子复合叠加成果，形成严格调控网格。

1）在国土开发强度方面：主要参考 5.1 节所确定的相关指标阈值。但是要注意在网格尺度确定各指标阈值时，需要考虑从行政区尺度向公里网格、5km 网格、10km 网格转化时的降尺度效应。一般来说，网格上的阈值要比县（市、区）级阈值数据稍大一些。经反复测试，中原经济区国土开发强度网格阈值见表 5-1。

表 5-1 严格调控网格遴选参数阈值

地区	国土开发强度（%）		人口密度（人 /km²）		国土开发聚集度	
	网格尺度阈值	政区尺度参考值	网格尺度阈值	政区尺度参考值	网格尺度阈值	政区尺度参考值
中原经济区	40	17	5000	1100	0.6	0.6

2）在人口密度方面：同样是参考 5.1 节所确定的相关指标阈值，并且同样要考虑阈值确定时的降尺度效应。经反复测试，中原经济区人口网格阈值见表 5-1。

3）在国土开发聚集度方面：国土开发聚集度阈值设定不考虑不同省份特点，均采用同一个指标。经反复测试比较，本书将网格尺度国土开发聚集度阈值设为 0.6。国土开发聚集度小于 0.6，则表明国土开发偏于零散、开发布局偏于凌乱。

5.2.2 遴选结果

中原经济区需要严格调控的网格面积约为 208 978km²，占全区面积的 71.8%，包括全部 7 种调控类型。具体内容见表 5-2。

1）降低强度 + 优化布局 + 疏解人口：共 81km²，仅占全区面积的 0.03%。

2）降低强度 + 优化布局：共 7114km²，占全区面积的 2.4%；主要分布在各地级市的市辖区区域。

3）优化布局：面积最大，共 183 808km²，占全区面积的 63.2%，主要分布在中原经济区地级市的其他县内，这些地区的建设用地主要呈零星分布，有待进一步优化提高土地利用效率，且这些区域尚有一定的国土开发空间和人口疏解余地。

4）降低强度：面积约为 14 757km^2，占全区总面积的 5.1%；主要分布在中原经济区山东省、安徽省内部城市、山西省北部及河南省东部城市。

表5-2　各城市严格调控网格面积统计

省级	地级尺度	严格调控类型	网格面积（km^2）	网格面积占本区总面积比例（%）
河北省	邯郸市	降低强度+优化布局+疏解人口	4	0.03
		降低强度+疏解人口	98	0.81
		降低强度	682	5.66
		疏解人口	22	0.18
		优化布局	8 873	73.59
		降低强度+优化布局	714	5.92
		优化布局+疏解人口	20	0.17
	邢台市	降低强度+优化布局+疏解人口	8	0.06
		降低强度+疏解人口	85	0.68
		降低强度	565	4.53
		疏解人口	19	0.15
		优化布局	9 707	77.81
		降低强度+优化布局	871	6.98
		优化布局+疏解人口	17	0.14
山西省	长治市	降低强度+优化布局+疏解人口	2	0.01
		降低强度+疏解人口	57	0.41
		降低强度	261	1.87
		疏解人口	17	0.12
		优化布局	12 906	92.32
	长治市	降低强度+优化布局	251	1.80
		优化布局+疏解人口	8	0.06

续表

省级	地级尺度	严格调控类型	网格面积（km²）	网格面积占本区总面积比例（%）
山西省	晋城市	降低强度 + 优化布局 + 疏解人口	4	0.04
		降低强度 + 疏解人口	8	0.08
		降低强度	139	1.48
		疏解人口	3	0.03
		优化布局	8 788	93.33
		降低强度 + 优化布局	126	1.34
		优化布局 + 疏解人口	8	0.08
	运城市	降低强度 + 优化布局 + 疏解人口	3	0.02
		降低强度 + 疏解人口	18	0.13
		降低强度	397	2.83
		疏解人口	16	0.11
		优化布局	12 543	89.31
		降低强度 + 优化布局	379	2.70
		优化布局 + 疏解人口	19	0.14
安徽省	蚌埠市	降低强度 + 优化布局 + 疏解人口	4	0.07
		降低强度 + 疏解人口	39	0.66
		降低强度	283	4.79
		疏解人口	14	0.24
		优化布局	3 919	66.38
		降低强度 + 优化布局	216	3.66
		优化布局 + 疏解人口	11	0.19
	潘集区	降低强度 + 优化布局 + 疏解人口	1	0.17
		降低强度 + 疏解人口	3	0.50

续表

省级	地级尺度	严格调控类型	网格面积（km²）	网格面积占本区总面积比例（%）
安徽省	潘集区	降低强度	34	5.63
		疏解人口	7	1.16
		优化布局	371	61.42
		降低强度＋优化布局	11	1.82
		优化布局＋疏解人口	2	0.33
	凤台县	降低强度＋疏解人口	6	0.55
		降低强度	65	5.95
		优化布局	546	49.95
		降低强度＋优化布局	23	2.10
		优化布局＋疏解人口	1	0.09
	淮北市	降低强度＋疏解人口	22	0.81
		降低强度	269	9.88
		疏解人口	12	0.44
		优化布局	1 148	42.16
		降低强度＋优化布局	69	2.53
		优化布局＋疏解人口	9	0.33
	阜阳市	降低强度＋疏解人口	80	0.79
		降低强度	965	9.56
		疏解人口	45	0.45
		优化布局	1 902	18.84
		降低强度＋优化布局	120	1.19
		优化布局＋疏解人口	3	0.03
	宿州市	降低强度＋优化布局＋疏解人口	2	0.02
		降低强度＋疏解人口	54	0.54
		降低强度	781	7.83

省级	地级尺度	严格调控类型	网格面积（km²）	网格面积占本区总面积比例（%）
安徽省	宿州市	疏解人口	31	0.31
		优化布局	4 425	44.39
		降低强度 + 优化布局	308	3.09
		优化布局 + 疏解人口	8	0.08
	亳州市	降低强度 + 优化布局 + 疏解人口	1	0.01
		降低强度 + 疏解人口	62	0.72
		降低强度	653	7.60
		疏解人口	44	0.51
		优化布局	1 701	19.80
		降低强度 + 优化布局	63	0.73
		优化布局 + 疏解人口	2	0.02
	东平县	降低强度 + 疏解人口	7	0.52
		降低强度	61	4.57
		疏解人口	7	0.52
		优化布局	974	73.01
		降低强度 + 优化布局	68	5.10
		优化布局 + 疏解人口	5	0.37
山东省	聊城市	降低强度 + 优化布局 + 疏解人口	4	0.05
		降低强度 + 疏解人口	98	1.14
		降低强度	922	10.70
		疏解人口	43	0.50
		优化布局	3 996	46.38
		降低强度 + 优化布局	346	4.02
		优化布局 + 疏解人口	15	0.17

省级	地级尺度	严格调控类型	网格面积（km²）	网格面积占本区总面积比例（%）
山东省	菏泽市	降低强度＋优化布局＋疏解人口	3	0.02
		降低强度＋疏解人口	107	0.88
		降低强度	1 062	8.75
		疏解人口	53	0.44
		优化布局	4 871	40.13
		降低强度＋优化布局	276	2.27
		优化布局＋疏解人口	12	0.10
河南省	郑州市	降低强度＋优化布局＋疏解人口	7	0.09
		降低强度＋疏解人口	245	3.26
		降低强度	771	10.25
		疏解人口	40	0.53
		优化布局	4 795	63.75
		降低强度＋优化布局	562	7.47
		优化布局＋疏解人口	19	0.25
	开封市	降低强度＋优化布局＋疏解人口	2	0.03
		降低强度＋疏解人口	76	1.21
		降低强度	336	5.37
		疏解人口	9	0.14
		优化布局	3 417	54.61
		降低强度＋优化布局	222	3.55
		优化布局＋疏解人口	6	0.10
	洛阳市	降低强度＋优化布局＋疏解人口	16	0.11
		降低强度＋疏解人口	113	0.75
		降低强度	401	2.66
		疏解人口	24	0.16

续表

省级	地级尺度	严格调控类型	网格面积（km²）	网格面积占本区总面积比例（%）
河南省	洛阳市	优化布局	13 493	89.65
		降低强度 + 优化布局	196	1.30
		优化布局 + 疏解人口	11	0.07
	平顶山市	降低强度 + 优化布局 + 疏解人口	5	0.06
		降低强度 + 疏解人口	94	1.19
		降低强度	294	3.73
		疏解人口	26	0.33
		优化布局	5 750	72.97
		降低强度 + 优化布局	116	1.47
		优化布局 + 疏解人口	19	0.24
	安阳市	降低强度 + 疏解人口	80	1.10
		降低强度	507	6.97
		疏解人口	11	0.15
		优化布局	5 221	71.74
		降低强度 + 优化布局	263	3.61
		优化布局 + 疏解人口	4	0.05
	鹤壁市	降低强度 + 疏解人口	19	0.88
		降低强度	187	8.69
		疏解人口	3	0.14
		优化布局	1 545	71.76
		降低强度 + 优化布局	72	3.34
	新乡市	降低强度 + 优化布局 + 疏解人口	2	0.02
		降低强度 + 疏解人口	94	1.14
		降低强度	551	6.69
		疏解人口	22	0.27

续表

省级	地级尺度	严格调控类型	网格面积（km²）	网格面积占本区总面积比例（%）
河南省	新乡市	优化布局	5 391	65.41
		降低强度＋优化布局	297	3.60
		优化布局＋疏解人口	12	0.15
	焦作市	降低强度＋优化布局＋疏解人口	6	0.10
		降低强度＋疏解人口	113	1.85
		降低强度	414	6.79
		疏解人口	31	0.51
		优化布局	4 311	70.71
		降低强度＋优化布局	199	3.26
		优化布局＋疏解人口	10	0.16
	濮阳市	降低强度＋优化布局＋疏解人口	2	0.05
		降低强度＋疏解人口	62	1.48
		降低强度	400	9.54
		疏解人口	12	0.29
		优化布局	2 070	49.36
		降低强度＋优化布局	177	4.22
		优化布局＋疏解人口	4	0.10
	许昌市	降低强度＋优化布局＋疏解人口	2	0.04
		降低强度＋疏解人口	60	1.20
		降低强度	372	7.44
		疏解人口	14	0.28
		优化布局	2 766	55.35
		降低强度＋优化布局	160	3.20
		优化布局＋疏解人口	3	0.06

续表

省级	地级尺度	严格调控类型	网格面积（km²）	网格面积占本区总面积比例（%）
河南省	漯河市	降低强度＋优化布局＋疏解人口	1	0.04
		降低强度＋疏解人口	48	1.81
		降低强度	243	9.18
		疏解人口	8	0.30
		优化布局	1 506	56.89
		降低强度＋优化布局	140	5.29
		优化布局＋疏解人口	4	0.15
	三门峡市	降低强度＋优化布局＋疏解人口	1	0.01
		降低强度＋疏解人口	48	0.48
		降低强度	136	1.37
		疏解人口	5	0.05
		优化布局	9 292	93.59
		降低强度＋优化布局	101	1.02
		优化布局＋疏解人口	3	0.03
	南阳市	降低强度＋优化布局＋疏解人口	3	0.01
		降低强度＋疏解人口	129	0.49
		降低强度	472	1.78
		疏解人口	43	0.16
		优化布局	19 518	73.51
		降低强度＋优化布局	178	0.67
		优化布局＋疏解人口	12	0.05
	商丘市	降低强度＋疏解人口	72	0.67
		降低强度	892	8.32
		疏解人口	25	0.23

续表

省级	地级尺度	严格调控类型	网格面积（km²）	网格面积占本区总面积比例（%）
河南省	商丘市	优化布局	1 796	16.76
		降低强度＋优化布局	102	0.95
		优化布局＋疏解人口	1	0.01
	信阳市	降低强度＋疏解人口	75	0.40
		降低强度	382	2.02
		疏解人口	15	0.08
		优化布局	12 844	67.93
		降低强度＋优化布局	213	1.13
		优化布局＋疏解人口	16	0.08
	周口市	降低强度＋疏解人口	72	0.60
		降低强度	854	7.10
		疏解人口	52	0.43
		优化布局	3 935	32.73
		降低强度＋优化布局	161	1.34
		优化布局＋疏解人口	7	0.06
	驻马店市	降低强度＋优化布局＋疏解人口	1	0.01
		降低强度＋疏解人口	91	0.60
		降低强度	406	2.69
		疏解人口	19	0.13
		优化布局	7 122	47.16
		降低强度＋优化布局	112	0.74
		优化布局＋疏解人口	9	0.06
合计			208 978	71.8

5.3　推荐开发区县遴选

推荐开发区县遴选，是指在县（市、区）等行政区维度上，选择那些既不属于农产品主产区，也不属于重点生态功能区、禁止开发区的区域，同时国土开发强度尚未超过主体功能区规划 2020 年规划目标的县（区、市）；这些县（市、区），可以作为未来较大规模国土开发的潜在区域，开展满足规划要求的国土开发活动。

5.3.1　遴选流程

应用国家主体功能区规划成果、各地区主体功能区规划成果，首先，选择那些既不属于农产品主产区，也不属于重点生态功能区的区域；其次，在此基础上，选择 LULC 产品，并计算各县（市、区）国土开发强度；再次，根据主体功能区规划目标要求，挑选出国土开发强度低于规划目标要求的县（市、区）；最后，根据目标国土开发强度和现实国土开发强度的差值及距离规划目标年的时长，计算得到各县（市、区）允许的国土开发增长速率。

在阈值确定方面，国土开发强度指标由各省主体功能区规划确定。其中，考虑到如下要素（表 5-3）。

表 5-3　各省主体功能区规划中国土开发强度值

地区	国土开发强度（%）	
	实际值	2020 年规划指标值
河南省	14.99（2012 年）	15.9
河北省	10.87（2011 年）	11.17
安徽省	13.65（2010 年）	15
山东省	—	17
山西省	5.5（2008 年）	6.3

1）河南省主体功能区规划明确指出，2020 年其国土开发强度规划指标值为 15.9%，规划中指出 2012 年其国土开发强度为 14.99%。2012 年耕地保有量实际值为 78 980km^2，2020 年规划目标为 78 980km^2。

河南省重点开发区域分为国家级重点开发区域和省级重点开发区域，重点开发区域面积为 4.72 万 km^2，占全省土地面积的 28.53%。

2）安徽省主体功能区规划指出，2010 年其国土开发强度为 13.65%，2020 年其国土开发强度规划指标值为 15%。2010 年基本农田保有量为 589.49 万 hm^2，2020 年规划目标为 569.33 万 hm^2。

安徽省国家重点开发区集中分布于皖江城市带承接产业转移示范区及周边部分地区，包括合肥、马鞍山、芜湖、铜陵、池州、安庆、滁州和宣城 8 个市所辖的 29 个县（市、区），土地面积为 2.19 万 km^2，占全省土地面积的 15.62%。省重点开发区域分布于皖北、皖西和皖南地区，包括阜阳、亳州、淮南、蚌埠、淮北、宿州 6 个市辖区，六安市的金安区，黄山市的屯溪区和徽州区，合计 20 个县（市、区），土地面积为 1.16 万 km^2，占全省土地面积的 8.25%。

3）山东省 2020 年其国土开发强度规划指标值为国土开发强度控制在 17%，耕地保有量维持在 1.1 亿亩。山东省耕地面积为 1127.41 万亩，全省陆地总面积为 15.7 万 km^2，近海域面积为 17 万 km^2。

4）河北省 2011 年国土开发强度为 10.87%，2020 年其国土开发强度规划指标值为 11.17%，2010 年耕地保有量为 63 333km^2，2020 年规划目标为 63 027km^2。

5）山西省 2008 年国土开发强度为 5.5%，2020 年其国土开发强度规划指标值为 6.3%，2008 年耕地保有量为 6080 万亩，2020 年规划目标为 6004 万亩。全省总面积为 15.67 万 km^2，重点开发区占全省面积的 20.15%，即 3.16 万 km^2。

需要强调指出的是，本书是基于县（市、区）尺度开展区域遴选，但目前所有主体功能区规划均是省级尺度的约束目标。在实际的经济社会运行中，两种尺度上的目标约束一定存在梯度差异。因此，本书成果目前仅能作为参考。在获得各地区发展和改革委员会、国土等部门提供的各城市、各县（市、区）相应的国土开发强度目标后，将可以得到更加可靠的决策参考方案。

5.3.2　遴选结果

在县（市、区）尺度上，中原经济区内有推荐的国家规划的重点开发县（市、区）[简称推荐开发县（市、区）] 共 119 个，其中安徽省 12 个，河南省 77 个，河北省 15 个，山东省 5 个，山西省 10 个。总面积为 72 919.4km²，约占全区总面积的 25.24%。

辅助决策模型遴选结果显示（表 5-4）：河南省推荐开发县（市、区）有 12 个；山东省推荐开发县（市、区）仅有菏泽市 1 个；河北省、安徽省和山西省内推荐开发县（市、区）国土开发强度因均高于其 2020 年规划指标值，故没有。中原经济区内推荐开发县（市、区）总面积为 16 767km²，约占全区国土总面积的 5.8%。

表 5-4　中原经济区推荐的国家规划的重点开发县（市、区）遴选结果

行政代码	县（市、区）名称	市	省	区域面积（km²）	2015 年国土开发强度（%）	允许的国土开发增长速率（%）	允许的年新增建设用地面积（km²）
371728	东明县	菏泽市	山东省	1311	16.42	0.69	1.51
410185	登封市	郑州市	河南省	1218	14.95	1.23	2.30
410223	尉氏县	开封市	河南省	1298	15.44	0.59	1.20
410322	孟津县	洛阳市	河南省	741	15.71	0.25	0.29
410329	伊川县	洛阳市	河南省	1073	12.52	4.90	7.25
410421	宝丰县	平顶山市	河南省	729	14.91	1.29	1.44
410482	汝州市	平顶山市	河南省	1569	11.61	6.49	13.46
410781	卫辉市	新乡市	河南省	872	13.20	3.80	4.71

续表

行政代码	县（市、区）名称	市	省	区域面积（km²）	2015年国土开发强度（%）	允许的国土开发增长速率（%）	允许的年新增建设用地面积(km²)
410881	济源市	焦作市	河南省	1899	6.92	18.11	34.11
411222	陕州区	三门峡市	河南省	1607	5.88	22.02	32.22
411324	镇平县	南阳市	河南省	1499	11.76	6.21	12.40
411503	平桥区	信阳市	河南省	1885	9.99	9.74	22.28
411728	遂平县	驻马店市	河南省	1067	13.27	3.68	5.60

未来5年里，各县（市、区）的国土开发增速、增量约束如下。

1）推荐开发县（市、区）允许的国土开发增长速率在0.25%～22.02%。

2）允许的年新增建设用地在0.29～34.11km²。

3）允许的最高国土开发增长速率最大的为三门峡市陕州区，其最高国土开发增长速率为22.02%，最大年新增建设用地面积为32.22km²。

4）允许的最大年新增建设用地面积最大的为济源市，其最高国土开发增长速率为18.11%，最大年新增建设用地面积为34.11km²。

5）仅有汝州市、济源市、陕州区和信阳市平桥区4个县（市、区），允许的最大年新增建设用地面积超过10km²。

5.4　推荐开发网格遴选

推荐开发网格遴选，是指在网格维度上，选择那些生态保护、农田保护需求均不大强烈且当前国土开发强度较低的格点。这些格点可以作为未来新增国土开发用地的选址区域。

5.4.1　遴选流程

1）应用禁止开发区分布图，剔除全部禁止开发区格点。

2）在此基础上，选择 1km 成分栅格 LULC 产品，计算 1km 格点内优良生态系统面积比例、耕地面积比例、国土开发强度 3 项指标。

3）在重点生态功能区内，选择优良生态系统面积比例小于 10%、国土开发强度小于 10% 的格点。

4）在农产品主产区内，选择耕地面积比例小于 10%、国土开发强度小于 10% 的格点。

5）在重点开发区和优化开发区内，选择国土开发强度小于 10% 的格点。

6）将以上格点进行空间叠加汇总，得到本行政区内推荐开发网格。

需要注意的是，考虑到国土开发发展空间，在开展推荐开发网格遴选时，应当选择比输入数据尺度更大的尺度进行结果展示。本书中，选用 10km 网格。

上述遴选过程中，所涉及的优良生态系统面积比例阈值（10%）、耕地面积比例阈值（10%），均由反复试验对比得到，遴选结果与实际情况最为吻合；国土开发强度阈值（10%），则考虑了研究区中 5 个省的规划值差异，河南省 2020 年规划指标值为 15.9%，而河北省 2020 年规划指标值为 11.17%，山西省 2020 年规划指标值为 6.3%。

5.4.2　遴选结果

中原经济区内推荐开发网格面积共 18 700km^2，约占全区国土总面积的 6.47%。

推荐开发网格主要分布在山西省长治市沁源县，运城市永济市、闻喜县、夏县，河南省三门峡市灵宝市、陕州区，洛阳市洛宁县及南阳市南召县等东部地区，在南部信阳市平桥区、罗山县和固始县也有零星网格分布。

推荐开发网格在济源市、孟津县、伊川县、汝州市、宝丰县、信阳市平桥区较为密集分布。这与基于县域单元的遴选成果完全一致。

在运城市夏县、三门峡市灵宝市、南阳市南召县、信阳市固始县等地区也存在一些推荐开发网格密集区，但是在县（市、区）单元遴选中这些区域所在县（市、区）却没有被遴选上。这是因为这些县（市、区）在主体功能区规划中被划定为重点生态功能区或农产品主产区，因此，县（市、区）单元遴选中不可能被选中。另外，菏泽市东明县在县（市、区）单元遴选辅助决策中被选中，而在网格遴选中没有，是因为东明县 2015 年的开发强度为 16.42%。全县（市、区）被规划确定为限制开发区，并不意味完全不能开发。在合适的地点，在不影响农田保护、生态保护，不超越区县国土开发规划控制目标的前提下，县（市、区）内完全有合适的格点可用于本区域经济和社会发展需求。

由以上结果可以总结出：基于网格遴选的成果与基于县（市、区）单元的遴选成果一致，且空间针对性更强，对县（市、区）的辅助决策能力更好。

从允许的国土开发增长速率上看，其允许的开发增长速率在低于 20% 和高于 80% 区域较多，最大年新增建设用地面积在 1.18 ～ 3.18km^2，高于 2.9km^2 的区域较多。

共有 4 个县（市、区）推荐开发网格面积比例高于 50%，即信阳市平桥区、焦作市济源市、三门峡市陕州区和鹤壁市淇县。其中，信阳市平桥区内的推荐开发网格面积比例最大，为 68.96%（表 5-5）。

表 5-5　中原经济区推荐开发网格遴选斑块结果统计

省	市	行政代码	县（市、区）名称	推荐开发网格面积（km^2）	网格面积占本区域总面积比例（%）
河北省	邯郸市	130426	涉县	100	6.66
		130427	磁县	100	9.74
		130481	武安市	200	11.05

续表

省	市	行政代码	县（市、区）名称	推荐开发网格面积（km²）	网格面积占本区域总面积比例（%）
山西省	长治市	140425	平顺县	200	13.25
		140426	黎城县	100	9.03
		140431	沁源县	500	19.60
		140481	潞城市	200	32.53
	晋城市	140522	阳城县	300	15.64
		140524	陵川县	400	23.54
		140525	泽州县	100	4.93
	运城市	140802	盐湖区	100	8.30
		140823	闻喜县	400	34.30
		140825	新绛县	200	33.58
		140826	绛县	300	30.65
		140827	垣曲县	200	12.48
		140828	夏县	400	29.62
		140829	平陆县	400	34.04
		140881	永济市	500	41.40
河南省	郑州市	410122	中牟县	100	7.05
		410181	巩义市	100	9.65
		410182	荥阳市	100	10.59
		410183	新密市	100	10.03
		410185	登封市	400	32.83
	洛阳市	410322	孟津县	100	13.50
		410325	嵩县	100	19.87
		410326	汝阳县	600	15.02
		410327	宜阳县	200	6.07
		410328	洛宁县	100	21.79

续表

省	市	行政代码	县（市、区）名称	推荐开发网格面积（km²）	网格面积占本区域总面积比例（%）
河南省	洛阳市	410329	伊川县	500	27.96
		410381	偃师市	300	12.94
	平顶山市	410423	鲁山县	100	20.76
		410481	舞钢市	500	15.98
		410482	汝州市	100	31.88
	安阳市	410581	林州市	500	4.85
	鹤壁市	410622	淇县	100	51.97
	新乡市	410781	卫辉市	300	11.47
		410782	辉县市	100	17.86
	焦作市	410821	修武县	300	45.39
		410822	博爱县	300	21.50
		410881	济源市	100	63.20
		410883	孟州市	1200	40.78
	三门峡市	411202	湖滨区	200	48.24
		411221	渑池县	100	7.32
		411222	陕州区	100	56.00
		411224	卢氏县	900	10.92
		411282	灵宝市	400	19.97
	南阳市	411303	卧龙区	600	19.94
		411321	南召县	200	30.78
		411323	西峡县	900	2.91
		411324	镇平县	100	13.35
		411325	内乡县	200	17.29
		411330	桐柏县	400	5.22
		411381	邓州市	100	4.24

续表

省	市	行政代码	县（市、区）名称	推荐开发网格面积（km²）	网格面积占本区域总面积比例（%）
河南省	信阳市	411502	浉河区	100	5.60
		411503	平桥区	100	68.96
		411521	罗山县	1300	29.01
		411522	光山县	600	21.80
		411524	商城县	400	14.21
		411525	固始县	300	20.40
	驻马店市	411728	遂平县	600	9.37

5.5 人居环境改善网格遴选

人居环境改善网格遴选的目的是，综合考虑城市内部公共绿被覆盖水平、服务能力及城市热环境等因子，提出未来城市管理中需要重点规划和完善建设的格点。在这些格点上，需要通过增加绿植空间、优化绿植布局、改善建筑物热物理性能等举措，提高城市为居民生活和休憩服务的能力与水平。

5.5.1 遴选流程

选择应用城市绿被空间分布产品、城市 LST 产品，分别计算得到公里网格上的城市绿被率、城市绿化均匀度、城市 LST 均一化指数等参数。在综合考虑城市既有水平基础上，遴选出城市绿被率偏低、公共绿地分布不合理及城市 LST 较高的格点。

在对各个城市的城市绿被率、城市绿化均匀度及城市 LST 范围设置阈值时，需要具体考虑不同城市当前经济社会发展水平、城市管理能力及城市建设优化的可能性。因此，对于不同城市的人居环境改善网格进行遴选时，需要设置不同的阈值。具体内容见表 5-6。

表 5-6　各指标数据判别阈值

城市	城市绿被率		城市绿化均匀度		城市 LST 归一化分级指数	
	阈值	参考值（2015 年均值）	阈值	参考值（2015 年均值）	阈值	参考值（2015 年均值）
郑州	<0.323 11	0.47	<0.538 98	0.62	>0.677 43	0.57
开封	<0.196 81	0.46	<0.473 67	0.63	>0.569 22	0.62

5.5.2　遴选结果

1. 郑州市

郑州市人居环境亟待改善的网格面积共 237.4km²，占全市建成区面积的 55.53%。待改善网格主要集中分布于省道内环，以及中原区连片区域，也有各区零星分布。具体内容见表 5-7。

1）增加绿地 + 提高绿地分布均匀性：为 95.7 km²，其面积占比为 22.37%，各县（市、区）都有分布，主要分布在金水区、管城回族区、中原区。这些区域大多为建筑密集，植被稀少。

2）改善地表和建筑物热性能：为 68.8 km²，其面积占比为 16.09%，各县（市、区）都有零星分布，省道沿线一带也有分布。主要分布在中原区、金水区、管城回族区、二七区。

3）增加绿地 + 提高绿地分布均匀性 + 改善地表和建筑物热性能：为 61.5km²，其面积占比为 14.38%，各县（市、区）都有分布，如中原区和金水区边界的铁路沿线，主要分布在中原区、金水区、管城回族区。

4）增加绿地 + 改善地表和建筑物热性能：为 4.2 km²，其面积占比为 0.99%，格点极少，只分布在中原区、二七区、管城回族区。

5）增加绿地：为 3.8 km²，其面积占比为 0.9%，格点较少，零星分布，仅分布在金水区、管城回族区、二七区。

6）提高绿地分布均匀性：为 3.1 km²，其面积占比为 0.72%，格点极少，只分布在中原区、二七区、管城回族区。

7）提高绿地分布均匀性＋改善地表和建筑物热性能：为 0.3km²，其面积占比为 0.08%，格点极少，仅分布在金水区。

表 5-7　郑州市人居环境改善网格面积统计　　　　　（单位：km²）

地区	优良区	增加绿地	改善地表和建筑物热性能	提高绿地分布均匀性	增加绿地＋提高绿地分布均匀性	增加绿地＋改善地表和建筑物热性能	提高绿地分布均匀性＋改善地表和建筑物热性能	增加绿地＋提高绿地分布均匀性＋改善地表和建筑物热性能
中原区	49.4	0	24.6	1.2	18.1	1.2	0	21.8
二七区	34.1	1.0	15.2	1.0	9.2	2.0	0	4.7
管城回族区	59.3	1.4	15.2	0.9	22.4	1.0	0	14.4
金水区	47.5	1.4	13.8	0	40.0	0	0.3	17.9
惠济区	0	0	0	0	6.0	0	0	2.7
总计	190.3	3.8	68.8	3.1	95.7	4.2	0.3	61.5

2. 开封市

开封市人居环境亟待改善的网格面积共 36.4km²，占全市建成区面积的 38.24%。待改善网格主要集中分布于中心城区的周围建成区内。具体内容见表 5-8。

1）改善地表和建筑物热性能：为 16.2 km²，其面积占比为 17.42%，几乎各县（市、区）都有分布，如黄河大街北段、顺河回族区解放路、宋城路等公路沿线两侧。主要分布在金明区、顺河回族区。

2）增加绿地＋提高绿地分布均匀性：为 8.4km²，其面积占比为 9.08%，各县（市、区）都有分布，主要分布在顺河回族区东南部，该区域有某大型煤厂。

3）增加绿地＋提高绿地分布均匀性＋改善地表和建筑物热性能：为 7.6 km²，其面积占比为 8.24%，禹王台区没有分布，主要分布在顺河回族区中部，该区域有大片重工厂。

4）增加绿地：为 2.1km²，其面积占比为 2.21%，格点较少，主要分布在禹王台区火车站处、金明区高屯村某工厂处。

5）增加绿地＋改善地表和建筑物热性能：为 1.2 km²，其面积占比为 0.31%，格点极少，主要分布在龙亭区南部（清明上河园南侧龙庭公园广场）、禹王台区陇海新村某学校处。

6）提高绿地分布均匀性：为 0.9km²，其面积占比为 0.93%，格点极少，只分布在金明区（宋城路和夷山大街交汇处连片汽修工厂）。

7）提高绿地分布均匀性＋改善地表和建筑物热性能：为 0.05 km²，基本为 0，其面积占比为 0.05%，格点极少，只分布在金明区、禹王台区。

表5-8　开封市人居环境改善网格面积比例统计　　　　（单位：km²）

区县	优良区	增加绿地	改善地表和建筑物热性能	提高绿地分布均匀性	增加绿地＋提高绿地分布均匀性	增加绿地＋改善地表和建筑物热性能	增加绿地＋提高绿地分布均匀性＋改善地表和建筑物热性能	增加绿地＋提高绿地分布均匀性＋改善地表和建筑物热性能
龙亭区	4.9	0	0.7	0	0.3	0.5	0	0
顺河回族区	2.4	0	3.2	0	4.0	0.1	0	5.7
鼓楼区	5.2	0.2	2.8	0	0.3	0	0	1.7
禹王台区	6.6	1.0	2.0	0	1.3	0.6	0	0
金明区	37.2	0.9	7.5	0.9	2.5	0	0	0.2
总计	56.3	2.1	16.2	0.9	8.4	1.2	0	7.6

5.6　高产优质农田建设网格遴选

高产优质农田建设网格遴选的目的是，综合考虑农田生产力及灌溉、地形、连片性等要素，选择出农田生产力为中、高产田，并且灌溉便利、连片性较好、地形平坦的区域，可以作为高产优质农田，为高标准农田的建设提供科学依据。

5.6.1　遴选流程

高产优质农田建设网格遴选的规则如下。

1）农田本身为中、高产田。

2）距离河道 2000m 以内。

3）尽量集中连片分布，即在 2km 移动窗口内，中、高产田网格大于 60%。

4）地形起伏度不高于 15m。

首先筛选出 2015 年高空间分辨率的中产田数据，其次以河流为中心、1700m 为半径进行缓冲区分析，将河流缓冲区数据和高分辨率中、高产田数据进行叠加分析，最后对叠加分析的数据利用 2km 的滑动窗口挑选出每个滑动窗口内中、高产田比例超过 60% 的区域，所有满足以上条件的区域即为最终的遴选结果。

5.6.2　遴选结果

中原经济区内适宜进行高产优质农田建设的网格面积为 63 917.5 km^2，占全部农田总面积的 35.07%。

从遴选结果看，高产优质农田主要分布在中原经济区的东部，在菏泽市、商丘市、驻马店市、周口市、亳州市等区域分布较多；西部除运城市有零星分布外，其他地区几乎没有。这主要是因为东部为平原区域，农田分布较广；西部多为山脉，土地类型主要以林地为主。

从各主体功能区来看，中原经济区内，农产品主产区内高产优质农田建设网格面积为 46 374.25 km^2，约占主体功能区农田总面积的 39.9%；重点开发区内高产优质农田建设网格面积为 14 321.75 km^2，约占主体功能区农田总面积的 29.5%；重点生态功能区内高产优质农田建设网格面积最少，为 3221.5 km^2，约占主体功能区农田总面积的 18.3%。

从各省来看，中原经济区内，河南省高产优质农田建设网格面积为 37 402 km^2，约占主体功能区农田总面积的 36.2%；山东省高产优质农田建设网格面积为 7605 km^2，约占主体功能区农田总面积的 47.8%；安徽省高产优质农田建设网格面积为 14 319 km^2，约占主体功能区农田总面积的 65.6%；山西省高产优质农田建设网格面积为 1555.25 km^2，约占主体功能区农田总面积的 8.8%；河北省高产优质农田建设网格面积为 3036.25 km^2，约占主体功能区农田总面积的 18.9%。

第 6 章 总 结

根据卫星遥感技术特点和实际的数据支撑情况，并综合考虑中原经济区区域发展面临的最为迫切问题和区域主体功能定位[1]，以高分遥感为数据支撑，以经济地理学方法为基础方法，应用 GIS 空间分析、空间统计等方法开展模型方法的构建，从国土开发、城市环境、耕地保护、生态保护 4 个方面，利用 11 个指标参数进行了规划实施评价与辅助决策分析，从主体功能区现状、变化态势上展开对比分析，主要结论如下。

6.1 国土开发方面

2005～2015 年，中原经济区城乡建设用地面积增长了 9348km^2，增长率为 29.1%；国土开发强度从 11.1% 增长到 14.4%。

当前中原经济区国土开发重心一直聚焦在重点开发区，重点开发区、农产品主产区国土开发强度分别为 20% 和 15% 左右，重点生态功能区国土开发强度则只有 4% 左右。2005～2015 年，农产品主产区内新增城乡建设用地总面积（4434km^2）与重点开发区内新增城乡建设用地总面积（4137km^2）相差不大，中原经济区地区新增国土开发活动主要集中在农产品主产区、重点开发区，在重点开发区国土开发活动重点方向与规划目标要求相一致，符合规划实施要求，但在农产品主产区国土开发活动重点方向与规划目标要求相悖。重点开发区城乡建设用地面积的增长速率达到 39%，是农产品主产区增长速率（22.0%）的 1.8 倍，重点开发区发展势头强劲，中原经济区各级政府国土开发活动的重点确实落实在重点开发区。重点生态功能区内城乡建设面积增长了 0.5 倍多，国土开发活动过强，与国家主体功能区规划目标严重不吻合。

2005～2015 年，中原经济区国土开发聚集度总体呈现下降趋势，区域国土开发聚集度由 2005 年的 0.409 下降到 2015 年的 0.374。国土开发强度不断提升，区域国土开发聚集度下降，表明本区国土开发活动总体上是以"蛙跳式"发展，这种"蛙跳式"发展明显体现在中原经济区西部（山西省运城市、晋城市、长治市及河南省洛阳市等）及河南省南部（河南省平顶山市、信阳市）。农产品主产区内城乡建设用地空间布局管理相对较好，国土开发聚集度下降程度相对较低；而重点开发区、重点生态功能区内的城乡建设用地布局管理相对较差，国土开发聚集度下降程度相对较高。从 2005～2010 年、2010～2015 年的变化对比上看，全区国土开发活动总体下降、国土开发布局呈现离散化态势，3 个主体功能区的国土建设布局呈现了"加速离散化"态势，这与这些地区自 2010 年以来各类村、乡、镇居民点快速扩展，城乡布局趋于小而多的态势有关。

2005～2010 年，中原经济区大部分地市国土开发活动以传统中心城区开发为重点，2010～2015 年，国土开发活动普遍转向远郊区县。

6.2　城市环境方面

城市绿被率高低与地区经济社会发展水平、城市治理能力有着明显关系。2005～2015 年，中原经济区大部分地区城市绿被率呈现增加的趋势，各县（市、区）城市绿化均匀度空间分布格局规律不显著。中原经济区整体城市绿化均匀度呈现增加的趋势，郑州市城市绿被面积逐渐增大，2005 年为 152.69km^2，到 2015 年增加至 323.55km^2。城市绿被率由 32.7% 增加至 48.8%，城市绿被布局越来越均匀，布局更合理。

2005～2015 年，郑州市城市热岛强度增强（上升幅度不超过 2℃），同时热岛区域面积有所增加，强热岛区域向东北方向存在明显偏移与扩张，2015 年中心城区的管城回族区、惠济区的城市热岛强度较强，均大于 5℃；新郑市的城市热岛强度最弱，但 2015 年也达到了 3.37℃。开封市各县（市、区）城市热岛强度在缓慢上升，上升幅度均不超过 1℃，但同时极强热岛区域面积有所减少。中心城区中的 4 区（龙亭区、鼓楼区、禹王台区和金明区）热环境有所改善，极强热岛面积均呈现减小趋势，表明开封市城市绿化建设对中心城区的城市热岛效应具有一定的缓解作用。但总体上，4 区的城市热岛强度有轻微的增强。

6.3　耕地保护方面

2015 年，中原经济区全区耕地总面积为 182 340.4km^2。与 2005 年相比（191 055.0km^2），全区耕地面积减少了 8714.6km^2，即减少了 4.6%。农产品主产区耕地面积为 116 199.1km^2，与 2005 年相比，减少了 3889.80km^2，即减少了 3.2%。与全区耕地下降幅度相比，农产品主产区下降幅度要低约 1.3 个百分点。这表明与重点开发区相比，农产品主产区内耕地得到更大程度的保护。中原经济区耕地减少主要发生在重点开发区和农产品主产区；农产品主产区耕地没有得到严格保护，与主体功能区规划目标不吻合。自主体功能区规划实施以来，重点开发区和农产品主产区耕地面积呈现加速萎缩态势，重点生态功能区内耕地则呈现减速萎缩态势；尤其是农产品主产区内耕地面积萎缩幅度最大。

2005～2015 年，中原经济区农田 NPP 在不断提高，全区多年农田 NPP 平均总量是 164.6×10^{6}tC/a，全区多年农田 NPP 平均值是 861.7gC/(m^2·a)。其中，2015 年中原经济区农田 NPP 平均值为 943.37 gC/m^2，农田 NPP 平均总量为 180.21×10^{6}tC。2015 年，中原经济区高产田面积为 55 069 km^2，中产田面积为 76 915 km^2，低产田面积为 50 262 km^2。2010～2015 年，中原经济区内高产田面积增加了 18 579km^2，相比 2005～2010 年高产田面积增加量 4237km^2，

2010～2015 年高产田面积增加量是 2005～2010 年增加量的 4.4 倍左右。

6.4　生态保护方面

中原经济区东部平原农田生态系统及西南部的南阳市及山西省晋城市山脉一带，植被生态态势良好。

2005～2015 年，中原经济区 NDVI 变化不大，植被生态基本稳定。重点开发区内植被生长状况为轻微变差趋势，农产品主产区内植被生长状况为轻微转好，重点生态功能区内植被生长转好态势相对明显。这与主体功能区规划实施预期目标基本吻合。

2005～2015 年，中原经济区整体区域优良生态系统面积呈现减少态势，2005～2015 年减少了 733km²。重点生态功能区内优良生态系统面积呈增加态势，但是 2005～2010 年、2010～2015 年前后的分析表明，重点开发区、农产品主产区自主体功能区规划实施以来，优良生态系统保护工作取得了一定成效，优良生态系统面积减少态势得到遏制；而重点生态功能区虽然优良生态系统面积增加，但 2010～2015 年优良生态系统面积呈现减少、恶化态势，保护工作没有到位。中原经济区除重点生态功能区外生态保护工作得到加强，与国家主体功能区规划目标要求相一致。今后对于重点生态功能区中优良生态系统的保护，将是本区域生态保护的重点。

6.5　辅助决策结果

中原经济区大部分县（市、区）属于优化布局区域，东部地区多属于降低国土开发强度、优化布局区域。需要严格调控的网格面积约为 208 978km²，占全区面积的 71.8%。

河南省推荐开发县（市、区）有 12 个，山东省仅有菏泽市 1 个，河北省、安徽省和山西省内推荐开发县（市、区）国土开发强度因均高于其 2020 年规划指标值，故没有推荐开发县（市、区）。推荐开发县（市、区）允许的国土开发增长速率在 0.25% ～ 22.02%。推荐开发网格面积共 18 700km^2，占全区国土总面积的 6.47%。主要分布在山西省长治市沁源县，运城市永济市、闻喜县、夏县，河南省三门峡市灵宝市、陕州区，洛阳市洛宁县及南阳市南召县等东部地区，在南部信阳市平桥区、罗山县和固始县也有零星网格分布。

郑州市人居环境亟待改善的区域面积共 237.4km^2，占全市建成区面积的 55.53%，集中分布于省道内环，以及中原区连片区域，也有各区零星分布。开封市人居环境亟待改善的区域面积约为 36.4km^2，占全市建成区面积的 38.24%，集中分布于中心城区的周围建成区内。

中原经济区内适宜进行高产优质农田建设的网格面积约为 63 917.5km^2，占全部农田总面积的 35.07%。农产品主产区内适宜进行高产优质农田建设的网格面积约为 46 374.25 km^2，占主体功能区农田总面积的 39.9%；重点开发区内适宜进行高产优质农田建设的网格面积约为 14 321.75 km^2，占主体功能区农田总面积的 29.5%；重点生态功能区内适宜进行高产优质农田建设的网格面积最少，约为 3221.5 km^2，占主体功能区农田总面积的 18.3%。

参 考 文 献

[1] 罗煜. 中原经济区主体功能区规划与发展研究. 黄河科技大学学报, 2013, (01): 54-56.

[2] 吴海峰. 实施主体功能区战略促进中原经济区科学发展. 河南工业大学学报 (社会科学版), 2010, (04): 6-9.

[3] 谢传山, 张庆年. 聚焦中原经济区. 中学政史地 (初中适用), 2011, (12): 90-92.

[4] 高明国. 现代农业主体功能区划及实证分析——以中原经济区为例. 东岳论丛, 2013, 34(05): 113-118.

[5] 徐华. 高分卫星影像的目标物识别技术. 北京: 中国地质大学 (北京) 硕士学位论文, 2017.

[6] 熊子潇. 基于高分一号遥感影像的土地覆盖信息提取技术研究. 南昌: 东华理工大学硕士学位论文, 2016.

[7] 张庆君, 刘杰, 李延, 等. 高分三号卫星总体设计验证. 航天器工程, 2017,26(05): 1-7.

[8] 范斌, 陈旭, 李碧岑, 等. "高分五号"卫星光学遥感载荷的技术创新. 红外与激光工程, 2017,(01): 16-22.

[9] 谭雪晶, 姜广辉, 付晶, 等. 主体功能区规划框架下国土开发强度分析——以北京市为例. 中国土地科学, 2011,25(01): 70-77.

[10] 高祥伟, 费鲜芸, 张志国, 等. 基于卷积运算的城市公园绿地聚集度评价. 生态学报, 2014,35(15): 4446-4453.

[11] 黄珺嫦, 汪松, 王熠辉. 供需驱动视角下河南省土地利用空间均衡度评价研究. 资源开发与市场, 2018,34(01): 35-40.

[12] 钱乐祥, 王倩. RS 与 GIS 支持的城市绿被动态对城市环境可持续发展影响的探讨. 地域研究与开发, 1995,(04): 14-16,34.

[13] 董世永, 张晖. 多度、丰富度、均匀度还是优势度?——城市土地多样性测度研究 // 中国城市规划学会, 沈阳市人民政府. 规划 60 年: 成就与挑战——2016 年中国城市规划年会论文集 (06 城市设计与详细规划). 沈阳: 中国城市规划学会, 2016: 11.

[14] 叶彩华, 刘勇洪, 刘伟东, 等. 城市地表热环境遥感监测指标研究及应用. 气象科技, 2011,39(01): 95-101.

[15] 池源, 石洪华, 孙景宽, 等. 近 30 年来黄河三角洲植被净初级生产力时空特征及主要影响因素. 生态学报, 2018,(08): 1-15.

[16] 张珺, 任鸿瑞. 人类活动对锡林郭勒盟草原净初级生产力的影响研究. 自然资源学报, 2017,(07): 1125-1133.

[17] 毕于运. 关于中低产田几种主要划分方法的评价. 农业区划, 1993,(01): 59-62.

[18] 冀咏赞, 闫慧敏, 刘纪远, 等. 基于 MODIS 数据的中国耕地高中低产田空间分布格局. 地理学报, 2015,70(05): 766-778.

[19] Yue W, Xu J, Tan W, et al. The relationship between land surface temperature and NDVI with remote sensing: application to Shanghai Landsat 7 ETM+ data. International Journal of Remote Sensing, 2007, 28(15): 3205-3226.

[20] 张晶, 占玉林, 李如仁. 高分一号归一化植被指数时间序列用于冬小麦识别. 遥感信息, 2017,(01): 50-56.

[21] 楼一涛. 基于 ENVI 影像监督分类提取杭州市绿化覆盖. 浙江国土资源, 2017,(01): 44-45.

[22] Yang P, Xiao Z N, Ye M S. Cooling effect of urban parks and their relationship with urban heat islands. Atmospheric and Oceanic Science Letters, 2016, 9(4): 298-305.

[23] 王殿中, 何红艳. "高分四号"卫星观测能力与应用前景分析. 航天返回与遥感, 2017,(01): 98-106.

[24] 刘雪梅, 高小红, 马元仓. 2002—2015 年青海省不同气候区植被覆盖时空变化. 干旱区研究, 2017,(06): 1345-1352.

[25] 吴风志, 郑买红, 胡国贤. 基于 OLI 数据的云南砚山县植被覆盖率遥感估算. 环境科学导刊, 2017,(05): 5-7.

[26] 方利, 王文杰, 蒋卫国, 等. 2000 ～ 2014 年黑龙江流域(中国)植被覆盖时空变化及其对气候变化的响应. 地理科学, 2017,(11): 1745-1754.

[27] 李跃鹏, 刘海艳, 周维博. 陕西省 1982—2015 NDVI 时空分布特征及其与气候因子相关性. 生态科学, 2017,(06): 1-8.

[28] Zhou D, Zhao S, Zhang L, et al. The footprint of urban heat island effect in China. Scientific Reports, 2015, 5: 11160.

[29] 李芳芳, 齐庆超, 汪宝存, 等. 基于 ETM 数据的郑州市城市热岛研究. 测绘与空间地理信息, 2010,(06): 85-88.

[30] 池腾龙, 曾坚, 王思彤. 基于 RS 和 GIS 的郑州市植被覆盖度与地表温度演化研究. 中国园林, 2016,(10): 78-83.

[31] 张改清, 高明国. 中原经济区农业主体功能区划及其区际比较. 经济地理, 2012, (10): 121-126.

[32] 张建杰, 张改清. 中原经济区现代农业主体功能区划及其发展. 农业现代化研究, 2012, (04): 402-405.

[33] 宋艳华, 罗丽丽, 王国强. 河南省高中低产田区农用地产能影响因素评价研究. 地域研究与开发, 2010, (06): 124-128.